阅读成就梦想……

Read to Achieve

Make it Fly!

The Step-by-step Guide to Make Any Idea, Project or Goal Take Off

让梦想照进现实

最受欢迎的24堂梦想训练课

【英】布丽奇特·科布 (Brigitte Cobb) 著　任小红 译

中国人民大学出版社
·北京·

第一部分 让梦想起航

- 第1课 明确你追求的梦想
- 第2课 梦想应与你的价值观保持一致
- 第3课 为梦想描绘一幅理想的愿景图
- 第4课 告诉全世界你的梦想是什么，让梦想成真

第二部分 制订你的梦想计划

- 第5课 通往梦想的途径
- 第6课 创建初步的梦想计划
- 第7课 确保万事俱备
- 第8课 确定你最终的梦想计划
- 第9课 找到你的助梦伙伴

第三部分 走出梦想的死胡同

- 第10课 为梦想照顾好自己
- 第11课 为梦想竭尽全力
- 第12课 为梦想坚持信念
- 第13课 从容应对追梦路上的畏惧感和阻力
- 第14课 增强你的自信力
- 第15课 肩负起追求梦想的责任
- 第16课 扫除梦想道路上的拦路虎——分心
- 第17课 盘点进展，加速前进

第四部分 全力以赴追寻梦想

- 第18课 不积跬步，无以至千里
- 第19课 庆祝自己所取得的每一点进步
- 第20课 全力以赴追寻梦想
- 第21课 扫清梦想路上的一切障碍
- 第22课 梦想达成的天时、地利、人合
- 第23课 建立起强有力的梦想支持体系
- 第24课 关于梦想的答疑解惑

前言
让梦想实现变成一段快乐的旅程

实现人生目标其实非常简单，只要你知道该怎么做，并愿意为之付出努力。

假如我告诉你有个诀窍可以帮你实现人生目标，你会怎么想？有一整套实现人生梦想的方案可供你参考，只要你按照这套方案去做，就可以实现人生的理想。这套方案会告诉你该从哪里着手，接下来怎么做，以及如何坚持下去。不论目标大小，不论是想强健体魄，开一家公司，还是想策划一场世纪婚礼，你都可以用到这套方案。这是不是很棒？

在为写这本书进行调查的时候，我问过周围的人，我发现他们当中很多人都拥有自己的人生规划和远大抱负，可是却很少有人真正知道如何实现他们的梦想。我问他们为什么，他们往往会

告诉我"我不知道该从哪里着手"、"我不知道这个主意好不好"或"我没有足够的时间、资金和能力去实现它"。

我这一生都在促使各种目标的实现，不管是生活中的目标还是工作目标。这是一种激情，我对此感到十分开心，而且我手头上一直都有计划在进行。我换过几次工作，创办了不止一项事业，两次生育过后均减肥成功，顺利装修、搬家、移民，组织过不计其数的庆典活动，其中包括各种婚礼和生日派对，还写了一本书。此外，我还帮助过无数客户实现他们的人生梦想。经历了许多成功与失败后，从这些经验和教训中，我学会了如何去实现自己和别人的梦想。我知道如何着手，下一步该怎么做，以及如何判断一个想法是好还是不好。此外，我还知道如何应对挑战，不给自己找借口。每次我都能遵循着同一条途径去实现新的目标。所以，每当我听到有人说"我不知道该如何着手"的时候，就会特别想把我实现梦想的方法告诉他们。

数年前，我把自己如何促使目标实现的心得体会和经验归纳总结起来，形成一个富有逻辑性的模式。最初，我把这个模式应用于工作当中，并未打算公之于众，我只想找到一个方法，可以帮助他人去实现他们自己所追求的目标。我在相当长的一段时间里一直都在用这套方案，并对它进行了不断的改良。有意思的是，我发现我周围的人都非常热衷于遵循一种规则，于是我把各种行之有效的东西都整合到这个方案里，这些东西有来自商业社会的，也有来自我的亲身体验。我感到自己越来越擅长促使自己和别人的愿望成真，我对那些关于改变人生的方法、书籍和文章越来越痴迷，只要发现有用的东西，就会试着采用，并将其融合到自己的方案里。

其实，你和你的目标之间只隔着三样东西：首先，你要弄明白自己想要的到底是什么；其次，你还要知道如何才能实现自己的目标；最后，你还需要对付那些让你望而却步、牵绊你的脚步或阻碍你采取行动的各种因素。告诉你一个秘密：那些实现目标的人并不是交了什么好运。当我取得某些成就时，常常听到有人说："她又侥幸成功了。"这种话听着就好笑，但在外人看来，似乎确实如此。他们没有看到我的奋力拼搏，没有看到我是如何克服困难的，只看到了结果，只看到了我的成功。

不过，如果你去问问跟我关系密切的人，就会发现他们的说法截然不同。他们会说，我的成功可不仅仅是因为运气好，每次我之所以能取得一些成就，都是因为我非常清楚自己想要什么，能够克服自己的畏惧，并付出很多努力。他们会告诉你，我和任何人一样，也会灰心丧气，也曾想过放弃，而且我最初的尝试都往往以失败而告终，其中还不乏常有人试图阻挠我实施自己的计划。我先生最近告诉我，多年以来，每当我跟别人谈起自己在写这本书的时候，他们表面都会对我报以微笑，背地里却在说："她简直是自不量力。"

也许，有人的确能够非常幸运地实现自己的愿望，但这并不是因为他们生来就福星高照，而是因为他们目标明确、专心致志、满怀激情、持之以恒和坚持不懈。我写这本书的目的就在于把这个信条简化，把促使目标达成所需要的方法介绍给心中有想法、有梦想和有追求的人。我衷心希望这本书能教会你从哪里着手实现梦想，知道如何继续坚持下去，以及遇到困难的时候该怎么处理。

梦想打造方案

这套梦想打造方案一共分为四个部分，每个部分又分为几个步骤。它对任何愿望的实现都行之有效，不论这个愿望是有多么大或是多么渺小。我曾经将之应用到大型组织的管理中，也曾应用于寻找理想的房子。到最后阶段，你就可以放手不管，我教给你的这套模式将会自动地继续运行。有的人认为模式会扼杀创造性，要知道，任何创造性的工作都离不开有规划的行动。不管是画画还是写作，每天早晨，艺术家都要从床上爬起来，都要持之以恒、笔耕不辍地进行他们的艺术创作。事实上，任何一本关于"如何成为一名作家"的书教你做的第一件事都是每天留出时间去写作。无论你多么相信吸引力法则（该法则认为凭借你的信念就可以把生活中你想要的东西吸引过来），都不能坐在这里等着你的大作从天而降。你必须依照某种工作模式，采取某些行动，当问题出现的时候，还要去处理问题，例如，保持积极的心态，让人们充分了解你的艺术作品。

有方案，还要有计划

当被迫限定在框架内工作时，想象力会被发挥到极限，从而产生最丰富的创意。如果给予完全的自由，工作就会流于无计划的拖延中。

T·S·艾略特

计划可以创造出动力和关注点

当你知道自己在朝着什么方向努力，而且能按照一套清晰明确的既定计划或步骤去做的时候，就会受到激励，倾向于采取行动，朝着正确的方向努力。你会因此促使目标更快实现，而不需要担心下一步该做什么。此外，你知道自己所有的精力应该集中在采取正确的行为上。所谓"正确的行为"就是让你距离自己目标越来越近的行为，而不是与之背道而驰的行为。假设你想盖一栋房子，你不会在确定自己想要建造一栋什么样的房子之前就跑去先买几吨建材回来吧？如果真的这么干，那你不仅浪费了资金，还浪费了挑选材料的精力，更何况这些材料也许根本就不能用。你首先需要运用创造力想象一下你梦想中的房子是什么样的，然后画出平面图，再去购买所需要的建材。准备工作做完后，你不会一上来就先建造屋顶，而是会从打地基开始，在地基上铺砖垒石开始施工。

计划可以让你变得更加自信

计划会鼓励你着手采取行动，而不是积年累月地坐在那里空想，然后被畏惧绊住脚，迈不开步子。把工作分解成小块去做有助于增强信心，你可以把所要进行的工作分解成一个个比较容易着手的步骤。这样，最初看上去庞大而可怕的宏伟事业现在就具有可操作性了。"罗马不是一天建成的"这句话很俗套，但很有道理。事实上，没有多少东西可以是一天建成的。如果你把一个计划进行分解，就会发现它是由不断重复的、小小的尝试和努力构成的，正是这些尝试让人们的追求得以实现。读一读理查德·布兰森（Richard Branson）和邓肯·班纳坦（Duncan Bannatyne）的自传，你就会发现，他们在获得今天的成功之前，都曾经历过无数的艰难险阻。第一次尝试并不都是成功的，但如果你只看到了结果就断言："噢，这些人太幸运了！"那你对幸运的人又有多少了解呢？

在你需要对自己的追求或方向作出调整时，采用逐步推进的方式很有益处。如果采取小规模行动的办法，作出调整要简单得多，如果同时启动整个计划，则没有那么灵活。因此，无论你的目标多么明确，在真正开始着手后，你都会随着周围的人和事的变化作出一些调整。另外，在你真正开始着手某件事的时候，常常会发现它跟你心中想象的难免有差距，你不得不在进行过程当中作出调整。所以，从这个观点出发，应当考虑把实现目标的途径变

前言
让梦想实现变成一段快乐的旅程

成一系列的步骤和任务,而千万不要一步就踏进未知领域里。

一夜之间发生巨变,正确的决策在瞬间赢取市场,各大创意眨眼即现,这一切都是神话。成功都是(几乎总是)建立在一点一点的累积之上的。一切都得从一点一滴做起。

赛斯·高汀

计划让你的梦想变得可控

计划让你的工作变得可控。当然,你必须让自己的工作始终处于可控状态,在一定时期内采取固定的步骤可以为自己营造出可控的环境,即把横跨几个月时间的计划当作指导方针,定期用该计划衡量自己所取得的进展。计划还可以确保你在所有相关方面都取得进展,而不是只把精力放在自己感兴趣的方面。假设你想改变自己的生活方式,确定需要采取的措施包括三个方面:多做运动;健康饮食;找时间放松。你制订了一个计划,准备从这三个方面着手。你可以每天把自己的计划拿出来看看,确定该如何朝着目标努力。你的计划会提醒你,每天或每周都必须在这三个方面均衡使力。

再来想象一下,如果没有计划会是什么样的情形。如果没有制订计划,就会产生很多随意性。你多半会把大部分时间花在自己觉得比较容易的方面,甚至还有可能耗费在你最痛恨的方面,因为你觉得这么做产生的效果最佳。不管是哪种情况,你对自己

的奋斗方向都没有清晰的认识，总觉得自己反正"干了不少"，却没有明确的方法去衡量是不是真的产生了效果，更重要的是，这种影响是否是正向的。

计划让你的梦想旅程充满乐趣

计划还可以把你追求梦想的过程变得像一段旅途一样。你可以把每个步骤看作旅途的一个阶段。你可以从每个步骤学到新的技能，取得新的进展，使你距离你的追求目标越来越近。你可以通过练习，训练自己把注意力迅速集中到两个方面：最终目标和当前阶段。还有个秘密要告诉你：把注意力集中在最终目标上，是朝正确方向前进的动力；而享受这个旅程、把关注点放在当前阶段也相当重要，因为如果你不喜欢这个旅程，就不会情愿付出努力，进行创造性思维。当我不喜欢做某件事的时候，我就会尽快结束这个过程。问题是，这么做我很可能会让漏掉某些关键的体会，甚至新的想法。而且，如果我干得满腹牢骚，谁能保证我达到目的的时候就不会牢骚满腹？如果你的目标是正确的、令人兴奋的，你对它是满怀激情的，那这段旅途就会充满乐趣。如果这段旅途没有乐趣可言，那你就要问问自己，你是否在为了正确的理由追求正确的东西。

计划让你将梦想坚持下去

计划会让你关注事情的进展情况。保持积极性和信心最有效的途径就是看到自己的努力所产生的效果。假如你给自己制订了一个减肥目标，计划每周减掉两斤，并决定每星期一早上称体重。假设你一直在坚持，而且开始见效。也许在刚开始的时候感觉并不是很明显，但是两斤很快变成四斤、六斤。一旦你的体重少了七斤，你就会为自己的成就感到自豪，从而增强了坚持下去的信心。如果无法跟踪进展情况，积极性就会大打折扣。如果你不知道自己距离梦想有多近，就很难保持激情。这里需要提醒大家一下：减肥对很多人来说都很困难，因为总是会出现一些感性方面的问题，因此，并不是你只要关注进展情况就可以减肥成功。正如下文所阐述的那样，跟踪进展情况只是你需要采取的理性措施之一，除此之外，你还必须解决自己个人方面的问题，也就是感性方面的问题。

为梦想插上双翼：理性与感性

打造梦想方案不但提供了制订计划的方法，还鼓励你在追求目标时从理性和感性两个方面着手。在理性方面，有些步骤可以让你的目标变得清晰明了；有些步骤可以帮你制订出可行的计划；有些步骤可以让你将计划付诸行动。这些步骤都需要大脑进行理性思维。当然，只从理性方面着手还远远不够，还有几个步骤可以帮你解决实现目标的旅途中最关键的问题——那就是你！如果你不敢追求自己的梦想，无论多么周密的计划都无济于事，也都行不通。如果你认为某件事根本就做不到，从刚开始就担心无法取得成功，脑子里一直有个声音对你说你根本就不可能成功，那么无论你的计划多么完美都不可能让你的梦想达成。就算我明天亲自到你家跟你一起制订梦想计划，你的潜意识也会阻止你把这项计划实施下去。

因此，必须要把你的潜意识和你的意识统一起来，确保你的潜意识中没有潜伏着任何羁绊你的"恶魔"。不管你的潜意识里是否存在恶魔、精怪或小精灵，你都要努力去把它们找出来，然后想出办法打败它们或赢得它们的支持。例如，注意力分散是我的恶魔之一。幸运的是，在需要的时候我可以约束自己，因为我知道自己容易分心，所以早就学会了如何收回注意力。其实这个问题应该算作精怪，而不是恶魔，因为它并不是畏惧感，只是大脑过于活跃的结果。那你的精怪又是什么？如果现在说不上来也不要紧，稍后我们会一起分析。

不幸的是，你无法运用理性思维来解决潜意识的问题。我不能给你提出一套富有逻辑性的指导意见：1. 分辨出畏惧感；2. 停止畏惧。这根本行不通。我所能提供给你的是方法和技巧，你可以用这些方法和技巧找出自己所担心的问题，然后去解决这些问题。受限心理、担心忧惧、缺乏积极性以及其他诸多个人因素都会影响你改变现状和实现目标的能力。那些"我没有足够的钱"、"我不够聪明"之类的借口只会让你一事无成。这些问题是完全可以解决的。那些实现梦想的人就是最好的证明。翻阅一下成功人士的励志故事书，你就会发现，他们之所以能够取得今天的成就，就是因为突破了自我的受限心理，消除了畏惧感，相信自己的梦想一定能够实现。本书的这部分内容要求你从感性入手。

我把一系列自律的技巧也囊括在本方案中，所以这套方案既包括理性措施，也包括感性措施，这使它在众多梦想方案中独树一帜。它既可以让你明白自己想要的是什么，也会告诉你如何才能实现目标，遇到问题的时候又该如何解决。

关于本书

本书围绕着这套造梦方案进行阐述，每一堂课都会教你一个实用技巧，鼓励你去逐步取得进展。比如说，它会要求你制订一个计划。每一堂课就好比一块积木，都要求你注意力高度集中。你可以先翻看一下整本书，了解一下本方案的"重点"。不过，你必须按照书中正确的次序逐步进行，因为它们是相辅相成的。此外，我们在说到建立信心的时候就曾讲过，应当把整个旅途分解成便于进行的工作，你要把这点牢记在心：一次只进行一个步骤，将有益于工作的开展。

你要按照本书的步骤推进，必须做到：

- 了解构成自己梦想的各项元素，用自己的价值观去衡量这些元素（你会非常惊异地发现有多少人的梦想是与他们所

珍视的东西背道而驰）；
- 制订一个明确的行动计划；
- 弄清楚干扰因素（和感性问题）是如何扼杀你的积极性的，采用什么样的措施才能消除这些因素的干扰；
- 有规律地逐步推进，把实现目标的行动融入你的日常生活之中；
- 建立一套支持系统，弄明白如何使用这套系统，如何持之以恒；
- 制定出衡量进展情况的办法，计划一旦开始实施，就要坚持遵循这套方法；
- 考虑好一旦出错该如何补救。

重点是你必须通过行动和实践去学习，而不是坐在那里凭空想象。必须让自己付诸行动，你可以在纸上完成训练，也可以在电脑上开展训练。我的网站 www.brigittecobb.com 上有各种表格可供下载，你也可以自己设计。当然，采取哪种形式并不重要，重要的是内容，如果你想弄得别具一格也没关系。

关于你的梦想

要参照本书实施计划，你必须明白自己想要的是什么。在这本书当中，我并没有阐述如何确定自己的梦想，你应该清楚自己的梦想是什么。如果你不确定自己想要的是什么，只是感觉自己可以成为某种人，或者具有很多特质，那么我建议你进行相关训练，弄明白自己想要什么，怎样才能让自己快乐，然后再回来找我，我会帮你实现梦想的。

这套方法适用于任何项目，不管是大项目还是小项目。不同之处就在于你需要深入的程度，在你制订计划的时候，这个问题就会更加明确。举例来说，假如你要减肥，要进行的工作肯定比扩建房屋少得多，但是需要持续的时间却更长。不论是减肥还是扩建，你都需要制订计划，而所制订的计划本质上也是相同的。

你可以把这本书用于个人生活或与对职业相关的期望、愿望、规划和梦想上。不论你想提前退休，还是要创办家庭生意，这套方案都行之有效。不过，正如我刚才所说的那样，在着手之前，你必须弄明白自己想要的是什么。只知道自己想要经商是不够的，你还必须确定要做什么类型的生意，然后再用这套方法去检验自己的创意，进行调查，并付诸行动。不过，本书中针对做生意的建议很少，你还需要去购买几本关于会计、营销和销售等方面的参考书，也可以向商务人士请教。

记住……

没有付诸行动的愿景只是梦想。没有愿景的行动只是消磨时光。愿景加行动才能改变世界。

乔尔·A·巴克尔（Joel A Barker）

没有付诸行动的愿景只是梦想

一旦你清楚自己想要什么,就可以以自己喜欢的方式(写在纸上、打在电脑里、画成图画)把计划列出来。不过,你必须搞出一些"实际的"东西,只在大脑里想象是不够的,因为我们在推进梦想实现的时候,会不断参照之前的工作。而且,从心理学上来说,把你的工作具体表述出来大有裨益,这么做就相当于明确地告诉别人你是认真的,更重要的是你向自己发出了这样的信号。稍加思考你就会明白,我们这是在努力将你的梦想具体化、形象化,所以,确保自己尝试实现梦想的第一个保障措施就是制订计划。这个星期你就可以去买一本工作手册,把这件事当作你的第一项训练和你的第一个计划保障措施。此外,你还需要准备一个日记本。

作为梦想计划的第二个保障措施,你需要花点儿时间读一读本书,再去完成你的计划——一定要按照顺序来读。不付诸行动,你的愿望永远都无法实现。尽管你可以通过下定决心促使愿望实现,但如果你只是坐在那里憧憬是肯定行不通的,你必须采取实际行动。你应该做出明确的决定,问问自己:你愿意为自己的梦想计划花多少时间?一条很好的经验法则认为每次一个小时为宜,而且最好定期拿出工作手册。我并不是要求你每天都必须花上一个小时(其实中间留出时间思考一下效果更好),而是指每周安排一个小时或两三个小时。

如果你没办法完整腾出一个小时的时间，那就把时间分割成比较短的、适合你自己的小段。每天早起 30 分钟如何？晚上放弃看电视的时间如何？不管你决定怎么做，都要在日记本上把时间确定下来，并且保证不会出现任何让你分心的事（关于分心问题，稍后详细介绍）。就算每次腾出 10 分钟时间也比什么都不做强。我写这本书的时候还在从事全职工作，每天花一个小时去单位，再花一个小时回家，还要留出时间陪伴先生和孩子。我甚至还腾出时间来练皮拉提、上辅导班，那我是怎么做到的？刚开始，我试着一有时间就写作，但是这么做的效果并不好，有时候一连几个星期我什么都没干成。后来我报了一个辅导班，每个星期日上午去参加三个小时的培训，情况就开始有所改变了。是的，这件事花了我大概一年的时间，但是总比坐在这里空想"一个星期三个小时？那得花多长时间啊"强得多。事实上，我当时根本不是那么想的，我很喜欢写作的那三个小时，每周我自我感觉都很良好，觉得自己距离梦想越来越近。在两节辅导课之间，我会花时间去阅读、跟人们交谈、寻找灵感和做笔记。

实现梦想的第三个保障要求你持之以恒。如果你缺乏恒心，那就要考虑雇一名教练，找个伙伴，或者寻求周围人们的监督和帮助。我们稍后再探讨这个问题。现在当务之急就是行动起来。

本书有个指导网站，网址是 www.brigittecobb.com，你可以

在该网站上：

- 下载表格；

- 阅览成功案例；

- 参与讨论；

- 报研习班或辅导班；

- 寻找其他资源。

另外，本书中随附了这套造梦方案的图解。你也可以从网站上下载一份打印出来，然后贴在墙上。你可以用大头针或小贴纸做标记，跟踪自己的进程。为了获得更大的积极性，你还可以在已经完成的步骤旁边画一个标记线。

来吧，让梦想起航！

目　录

第一部分　让梦想起航

第 1 课　明确你追求的梦想　/ 003

第 2 课　你的梦想应与你的价值观保持一致　/ 013

第 3 课　为梦想描绘一幅理想的愿景图　/ 023

第 4 课　告诉全世界你的梦想是什么，让梦想成真　/ 029

第二部分　制订你的梦想计划

第 5 课　通往梦想的途径　/ 037

第 6 课　创建初步的梦想计划　/ 045

第 7 课　确保万事俱备　/ 055

第 8 课　确定你最终的梦想计划　/ 063

第 9 课　找到你的助梦伙伴　/ 069

第三部分　走出梦想的死胡同

第 10 课　为梦想照顾好自己　/ 081

第 11 课　为梦想竭尽全力　/ 099

第 12 课　为梦想坚持信念　/ 107

第 13 课　从容应对追梦路上的畏惧感和阻力　/ 119

第 14 课　增强你的自信力　/ 129

第 15 课　肩负起追求梦想的责任　/ 139

第 16 课　扫除梦想道路上的拦路虎——分心　/ 147

第 17 课　盘点进展，加速前进　/ 155

第四部分　全力以赴追寻梦想

第 18 课　不积跬步，无以至千里　/ 165

第 19 课　庆祝自己所取得的每一点进步　/ 173

第 20 课　全力以赴追寻梦想　/179

第 21 课　扫清逐梦道路上的一切障碍　/189

第 22 课　梦想达成的天时、地利、人合　/197

第 23 课　建立起强有力的梦想支持体系　/205

第 24 课　关于梦想的答疑解惑　/213

结　语　张开双臂，拥抱梦想

第一部分
让梦想起航

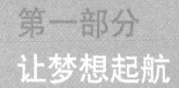

第1课　明确你追求的梦想
第2课　梦想应与你的价值观保持一致
第3课　为梦想描绘一幅理想的愿景图
第4课　告诉全世界你的梦想是什么，让梦想成真

PART 1
让梦想起航

> 成功就是拥有你所渴望的。幸福就是珍惜你所拥有的。
>
> ——戴尔·卡耐基

那么你渴望得到什么？当实现所追求的梦想时，你是否会感到快乐？在这一部分，我将帮助你明确你的目标，弄明白你所追求的梦想与你的价值观是否一致，让你学会将自己的梦想具象化，并告诉人们你对梦想的追求是认真的。

第 1 课
明确你追求的梦想

> 大部分人之所以没有实现自己的目标是因为他们的目标不明确,或者因为他们从来没有真正认为那些目标是可以实现的。成功者可以明确地告诉你,他们的目标是什么,计划采取哪些行动,以及将会跟哪些人分享他们的心路历程。
>
> 丹尼斯·威特利(Denis Waitley)

朝着正确的方向努力需要做大量的工作。假如你不知道自己要朝什么方向努力，怎么可能会对未来保持积极的心态？明确的目标会让你感到兴奋，即便生活给你制造了重重障碍和困扰也阻挠不了你前进的脚步。梦想能够成为你的指南针。它不但会激励你前行，还有助于你分辨应当采取哪些行动去实现自己的目标。如果你采取行动的时候目标不明确，那又怎么知道自己的精力和资源有没有用在正确的地方？怎么能确定你追求的目标真的是自己梦寐以求的。

| 梦想不在于拥有什么，而在于拥有的感受 |

假设你渴望生活在一栋更大的房子里。作为你的梦想导师，

第1课
明确你追求的梦想

我会要求你清楚地说出那栋大房子是什么样的,到底有多大。我还会非常深入地去了解你为什么渴望拥有一栋更大的房子,你想从中获得哪种感受。你是想为家人创造更大的空间,还是从身份地位和安逸舒适的角度出发考虑的?可见,梦想通常都是为了获得某种体验,而不是获得某种"东西"。

你会在实现梦想的道路上,发现自己需要的"东西"不过是为了获得某种感受。比如,只要问自己几个恰当的问题,或许你就会发现,你的愿望并不在于拥有一栋更大的房子,而是在于想提高自己的社会地位。如果是这样,我们就可以把你的目标定为"提高社会地位",而不是"拥有一栋更大的房子",把行动方案确定为一整套围绕"提高社会地位"这个目标展开的小计划,比如买辆更拉风的车、获得晋升、拥有一栋更大的房子。

|愿景应该是灵活变化的|

你的愿景虽然必须十分明确,但它也不是一成不变的,它可以是灵活多变的,你在描述某种体验的时候,它确实会发生变化。这点很有帮助,因为你在实现自己所追求的梦想前,是无法完全掌控即将发生的情况的。在你的愿景开始形成时,各种意外事件、他人的因素、你的感受都有可能逼着你作出调整。如果你觉得自己所追求的真的不是某种感受,而是某样东西，例如，多年来你梦寐以求拥有一栋更大的房子，而且你心中早就清晰地勾勒出了这栋房子的样子，那么你完全可以把自己的梦想确定为某种"东西"。记住，你的目标就是你的心愿和渴望。

另外，不论你的愿景是什么，都必须能够用于检验计划方案里的那些项目（也就是很寻常的一组计划），看它们是否能让你实现梦想的可能性更大。你必须知道是采取 A 行动好还是采取 B 行动好；是 A 行动能让你实现你的目标，还是 B 行动更有趣，更符合你的个性，能让你更迅速实现目标。这一点十分重要。

|将梦想付诸行动|

我们说过，你的梦想可能是获得某种体验，实现愿景的途径也可以灵活变通。而当你真正付诸行动的时候，各项具体的计划必须绝对清晰明了。在上述例子中，如果你认为拥有一栋大房子是为了获得更多的空间，那你必须在抡锤砸墙之前，就明确你的计划是扩建，否则你可能拆错墙壁，从而浪费时间、精力和资金。尽管下手后改变计划也是有可能的，但最好在最初确定计划时（在计划阶段）就作出调整。我相信，你越是仔细阅读本书第一部分和第二部分的内容，就越有可能需要调整自己的愿景和计划,在你真正着手之前,就让它们更符合你的追求。所以,你应该多花点儿时间做做训练,把自己的梦想在纸上描述出来,以确定从何处着手,才能取得进展。确定何处作为参照点,随时检验完成的情况。

|制订短期和长期的梦想计划|

为了便于分辨愿景,可以把将要实施的计划和行动分为短期、中期和长期。就拿房子来说吧,你可以通过很多途径来实现空间的扩展:重新装修、扩建或者换套房子。如果你的最终目的是换套房子,只不过今年不着急换,而且目前的经济条件也只允许装修或者扩建,那该怎么做?在这种情况下,就应该采用短期、中期(计划)和长期规划(愿景)相结合的办法了。

这个步骤就是要确定你的长期目标。在本例子中,你的长期目标是住进一个高档小区,搬进一栋更大的房子里,这样不但可以获得更大的生活空间,还可以提高自己的身份地位。但你也知道,在自己有能力支付50%的抵押贷款之前,你还不能换房子。因此,你决定先通过一些短期项目拓展一下自己的生活空间。此时,你应该把目标分为三个阶段:短期、中期和长期。在第一个阶段(短期),你可以重新装修一个房间当书房;第二个阶段(中期),你可以对现有住宅进行扩建;到了第三个阶段(长期),

你可以换套房子。当然,你可以自行决定每个阶段的时间长短。比如,第一个阶段耗时三个月,第二个阶段需要一到两年,第三个阶段则大约是五年时间,如图1—1所示。

梦想	第一阶段 3 个月	第二阶段 1—2 年	第三阶段 5 年
换一套更大房子,感受:身份地位和住宅舒适性的提高	腾出一间房间当书房	扩建现有住宅	搬家

图1—1 我的换房梦想计划

构建长期梦想计划的作用就是确保你现在所做的决定不会与你的最终目标背道而驰。所以,在上述例子中,你必须认真考虑装修一间书房或者进行扩建会不会影响你实现自己的最终目标。这取决于你的现状,你需要制定不同的方案,但是,如果多一间不错的书房或者进行了扩建,多半会让你的房子增值,就算五年后卖掉也比较合算。不过,你必须确保不会由于过度投资而造成五年内无力偿清 50% 的抵押贷款。设立愿景可以帮助你根据最终目标调整短期计划。如果你感觉平衡短期、中期和长期计划太复杂,或者你觉得自己的目标本来就很简单,那我建议你一次性达到最终目标,比如,在 6 个月里换套房子。

现在让我们一起来构建你的梦想,让你拥有一个具体目标,再把这个目标分解成不同的组成部分和计划。或许最好现在就

第1课
明确你追求的梦想

开始着手,看看自己能做到哪一步。注意非常重要的一点是,第一次着手实施计划的时候不要求全责备。这些计划都是相辅相成的,所以你只需把第 1 课和第 2 课的训练做得足够"完美"就行了。

我建议你先翻看一下自己的日记,确定你在做这项训练的时候不受外界打扰,必须确保一切按部就班,否则这套方案就不能产生预计的效果。这套方案就好比搭积木,你必须先打基础再建高楼,需要一块积木接着一块积木地搭建。

这项训练还有助于你理清思路,等你完成这个步骤的时候,就会知道自己的梦想是什么,为什么会有这样的梦想,你的追求和目标又是什么。你还会开始策划这个梦想都应该包括哪些方面,不包括哪些方面。或许,那些没有包含在内的东西也很重要,因为你不需在那些东西上耗费精力。用美国哲学家阿尔伯特·哈伯德(Elbert Hubbard)的话说:"很多人的人生之所以以失败告终,并不是因为他们缺乏能力和智慧乃至勇气,而仅仅是因为他们从来没有集中精力围绕一个目标去奋斗。"

你可能需要 20 ~ 30 分钟时间,用钢笔和纸或者电脑、活页夹或笔记本来整理你的工作。这项工作要求你必须让自己的目标符合"SMART"要求，即你的目标必须是：具体的（Specific）；可衡量的（Measurable）；可实现的（Attainable）；有意义的（Relevant）；有时间限制的（Time-bound）。

所以，最好不要这样表述：

"目标1. 搬进一栋大房子。"

而应该这么说：

"目标1. 于2016年7月1日前搬进某某小区一栋崭新的房子里，这栋房子要带有五个卧室、三个接待室和一个大花园。"

现在为时尚早，也许你还不能让自己的目标完全符合"SMART"原则的要求，还需要做一些调查工作。没关系。我们稍后再来逐步完善。

请记住，千万不要求全责备，动手去干！

现在，轮到你了。

愿景和目标

1. 尽可能详尽地描述你想要的东西，你的愿景是什么？你想获得哪种感受？
2. 你为什么会有这样的愿景？你的目的何在？你将会获得哪些现在尚未获得的东西？

第 1 课
明确你追求的梦想

3. 你的目的是什么？你的目标是什么？你能让自己的目标符合"SMART"原则的要求吗？
4. 你的愿景应该包括哪些内容，不应该包括哪些内容？

当你完成了愿景范围和目标的训练之后，把答案打印出来，放进你的笔记本或活页夹里。

第 2 课
梦想应与你的价值观保持一致

> 当车轮完全校准后,你的车子就会开得又快又稳。同样的道理,当你的思想、感受、情感、目标和价值观平衡一致后,你的表现就会更加突出。
>
> 博恩·崔西(Brain Tracy)

你的个人价值观驱使着你的行为。它们是生活的方方面面，是你看重的品质和观念，下意识（或有意）地影响着你的决定，让你保持积极进取。一般来说，取得的成就如果与你看重的价值观念相符，你就会特别快乐。我将在本课的结尾部分列出了一个关于价值观的综合表格。

| 价值观来自何处 |

从根本上来说，我们的价值观是自己选择的。然而，我们的价值观当中的很多观念都源自我们的童年经历和家庭环境。父母的言传身教和小时候的耳濡目染形成了我们的价值观。这也许意味着我们跟父母拥有同样的价值观，但也可能恰恰相反，比如，

第 2 课
梦想应与你的价值观保持一致

那些古板的父母和叛逆的孩子就是最好的例子。

有些价值观已经根深蒂固，很难改变。而我们的成长经历和人生不同的阶段可能又会使我们看重的东西有所变化。例如，学生时代的你是一个志在改变世界的理想主义者，可是等你成了上班族，一切全变了（也可能不会）。此外，本国文化也会影响个人的价值观。

我在20出头的时候，移民到英国，现在我已经完全把自己出生国的文化和入籍国的文化融合在了一起。这让我大开眼界，看到民族文化对我们的影响是多么的深远。例如，在进餐习俗方面，我出生的国家对进餐的地方没有什么特别的要求，方便就好，而且进餐时也没那么多规矩，而我所入籍的国家就不一样了。刀叉怎么拿、先从哪道菜开始、什么时候可以说话都有明确的规矩可循。我觉得丈夫和我能够妥善地处理好我们之间的各种分歧，但是孩子们则不然，他们在学校的表现（规矩很多）跟在家里的表现（没那么多规矩）迥然不同。我想，正是这一点让生活变得十分有趣，也让人们变得圆滑起来。

| 你所追求的梦想要与你的价值观相一致 |

你所拥有的任何梦想、所期望的任何改变以及所设立的任何目标，只要跟你的价值观念不一致，多半都不会成功。相反，

如果它们与你看重的东西相符，那你就会十分快乐。如果你的追求与你看重的东西相冲突，你就会觉得为难，不得不努力让自己保持积极的状态。

举个例子来说，我非常看重我的家庭，每天我会留出宝贵的时间陪伴家人。我自然而然地把他们放在第一位，每次去度假都会带上孩子们。有的朋友外出度假一走就是两周，却从不带孩子。他们无法理解我为什么要带上家人，我也觉得他们很奇怪，这便是因为我们的价值观念不一样。我的价值观念意味着我必须找一份可以早点儿回家、不用频繁出差的工作。因此对我而言，去从事导游或销售员之类的工作就不是什么好主意了，因为那样我会经常不在家。我知道这个例子极端了点儿，不过你肯定明白我的意思。正如我们之前所说的那样，你所看重的和优先考虑的东西可能会发生改变，如果你近年来没有做过评估，就必须进行价值观评估。比如，25岁那年，家庭对我来说还没那么重要，因为当时我还是单身，没有孩子。

从肯定的方面来说，如果你的梦想跟你的价值观念相一致，那么你自然而然就会富有积极性，自我感觉也会良好。你的价值观念会驱使你前进。我对自由的追求就是我从事自由职业的最大动力。我也曾为别人打过工，那种感觉让我特别不开心，固定工作让我感觉不自在。我之所以喜欢自由职业，是因为自由职业有无数种可能性，我可以在任何时候改变自己的工作,只要我提供优良的服务和产品,就可以过上不错的日子。因此,我的梦想常常都是跟我追求自由的价值观相关。

为了评估你的梦想是否适合你,确定你是否能对自己的梦想始终满怀激情,首先要做以下的价值观念评估。这一步有两项评估:第一项是确定你的价值观念;第二项是比对你的愿景。如果你没有充裕的时间,可以先做价值观念评估,到下一节再比较你的愿景。每项评估都要花上 15 到 20 分钟的时间。

你需要准备一支笔和几张纸,或者用电脑、活页夹或笔记本来记录。完成第二项评估后打印出表格,夹在你的活页夹或笔记本里。

确定自己的价值观

这项评估按要照先后顺序列出 10 个重要词汇。这项评估分为两部分:第一部分,看看下列表中列出的词汇,把那些对你不重要的划掉,对你重要的全部圈起来。你很有可能会圈出不只 10 个词。没关系,我们会在第二部分的练习中处理这个问题。

成就	自由	知识	安全
冒险	时间自由	领导力	自我意识
钱财	友谊	学识	自律
美貌	乐趣	爱	自负
挑战	感恩	掌控权	自我表达
慈善	成长	天性	自尊
合作	收入有保障	教养	敏感
责任	幸福	开放的思想	贡献
团队精神	和谐	命令	社交商
热情	健康	伙伴关系	精神性
勇气	诚实	和平	激励
创造性	谦虚	恒心	优势
好奇	幽默	个人生活	成功
尊严	独立	发展	支持力
优雅	个性	快乐	天赋
赋权	影响力	权力	团队工作
精力	正直	骄傲	信任
享受	隐私	谨慎	真理
美德	别出心裁	理性	幸福
运动	正义	认可	智慧
家庭	善良	风险	

现在，来看看你圈出来的词汇。你会发现有些词汇代表的价值观念十分相近，比如诚实、正直和真理。如果你圈出了这些词汇，就要认真筛选出更确切地描述你的价值观念的词汇，其他的就可以一笔划掉了。把你选出来的词汇列在下面的表格里，把每个词汇都列在表头的第一行和左手边第一列。比如，"财富"这个词不仅要出现在第一列，还要出现在表头第一行。（下面的图表是缩减版，你选出来的词汇很可能比表中的词汇要多

第2课
梦想应与你的价值观保持一致

得多。制表的时候,一定确保筛选出的每个词汇都要出现一行和第一列)。

	财富	挑战	精力	运动	享受
财富					
挑战					
精力					
运动					
享受					

画好表格后,把第一列的每个词汇跟第一行的每个词汇相比较,思考一下哪个词汇代表的价值观念对你来说更重要,哪个重要就把哪个写在空格里。比如下表中,"成就"比"挑战"、"创造性"和"美德"都重要,但是不如"家庭"重要。

	成就	挑战	创造性	美德	家庭
成就		成就	成就	成就	家庭
挑战			学识	挑战	美德	家庭
创造性				创造性	家庭
优秀					家庭
家庭					

从本质上来说,这就是在把每个价值观念进行相互比较,通过比较筛选出 10 个最重要的词汇。把这 10 个词汇列出来,然后把它们按照重要性程度进行排序。你可以再次通过这种

比较法来确定它们的排序。此外，你还要再挑选出一个"次等重要"的价值观念列表，也就是在挑选出前 10 个词汇后再挑选出 5 个。

等你用 10 个最重要的价值观念和 5 个次等重要的价值观念建立列表后，把它打印出来，贴在笔记本上。

在本练习的第 2 部分，我们将整理你的价值观念表格，审视它会与你的梦想目标发生怎样的冲突，或者将会给你带来怎样的帮助。

你需要 15～20 分钟时间，准备好笔和纸，或者用电脑、活页夹或剪贴簿（胶水、圆规、打孔机等）来记录。

你的价值观 VS 你的梦想

拿出你在第 1 课"梦想训练营"中所回答的答案列表和刚才第 2 课训练营中所做的价值观念列表多看几次，然后回答下列问题。

1. 最重要的 10 个价值观念中，哪些对你的目标最有帮助？假如你计划改变自己的生活方式，那么重视健康就是一个很有帮助性的价值观念。

2. 哪些价值观念对你实现自己的目标很重要但却没有被你选中？这会不会给你带来挑战？你将会如何

第 2 课
梦想应与你的价值观保持一致

应对这个挑战?这个价值观念跟你的价值观念相差多少?

3. 10个最重要的价值观念中,哪些观念会跟你的梦想相矛盾?

4. 这个矛盾的强烈程度如何?它只是个微不足道的小问题还是个棘手的大问题?

5. 作完分析之后,你感觉如何?你想要的东西是否适合你自己?你是否需要作一些调整?

第 3 课
为梦想描绘一幅理想的愿景图

> 有志者事竟成。
>
> 威尔弗雷德 · 彼得森（Wilfred Peterson）

在第1课和第2课当中，你学会了如何明确自己的梦想，并将其与自己的价值观进行了比对。在第3课当中，你可以逐渐地把自己心中的最终目标描绘出来（希望你能真的对各种可能性都感到兴奋）。为了做到这一点，你还要用自己已经取得的成就去确定日期，并把它变成一个愿景。然后，你要把这个愿景当作动力，激励自己不断进取。这个愿景将用于描述你的梦想实现后的情景。当你描绘出自己的愿景图，当你看到自己的愿景是什么样的时候，相信你一定会感到兴奋，浑身充满力量。它将会是丰富多彩、宏伟而张扬的。你的所思所想都将寄托在你的愿景中，你可以触摸到它、听到它、感觉到它的存在。

第 3 课
为梦想描绘一幅理想的愿景图

|太过美好的愿景反而让你的逐梦道路受阻|

你的愿景还可以间接地帮你识别你可能遇到的挑战。道理很简单，你已经描画出一幅精彩的愿景图，但如果你每天连 15 分钟都抽不出来憧憬一下你的美好愿景，以便让自己保持旺盛的斗志，并且你还总是忘记做这项训练的话，那么挑战就来了。一个人真的想要获得什么的话，那他肯定不会忘记去努力争取的。或者，你确实记得每天花 15 分钟时间去憧憬，可当你心中憧憬那种美好的愿景时，你总是想得没那么乐观。愿景太过完美反而让你觉得实现自己的目标似乎有些遥不可及，这就是自信心的问题了。

问题的关键就在于，如果把自己的梦想描绘得太过炫目会让你感觉不适，那么当你的梦想真的实现的时候，你也会不敢相信。这些感觉都在告诉你，有些感性问题必须找出来解决掉。我们将在第三部分详细探讨如何解决阻碍你实现梦想的那些问题，现在只要把遇到的问题记录下来就可以了。

|噢，我觉得自己肯定做不到|

为了实现目标，你的意识和潜意识必须协调一致，共同努力。不管是你的潜意识还是意识，都必须具有强烈的愿望去实现自己的目标。如果你的潜意识不相信你的梦想能够实现，那么你的逐梦道路上就会荆棘密布。你就会分心，会忘记实施自己的计划，甚至会在某些情况下感觉别扭。是的，潜意识的力量就是这么强大。

如果你的潜意识和你的意识保持一致，那你描绘出的愿景就会十分精彩，它会激励你不断进取，让你在一天当中都一直想着它。我建议你每天早晨起床后和晚上入睡前做一做想象训练（如果因为身边有人感觉做训练不自在的话，那你可以在洗澡的时候或者在班车上闭上眼睛做）。此外，当你灰心丧气或者遇上挫折的时候，愿景还可以激励你，时刻把它记在脑海里有助于你减少受挫感，增强克服困难的勇气。

|开始描绘你的愿景|

你要描绘一幅清晰的画面，呈现出你的最终目标实现时的情景。尽管这幅画面被称为"愿景"，但你在进行练习时，必须全心投入，去感受你所能看到、听到、感觉到的到底是怎样的情景；如果你想当演员，那就想象一下你在舞台上表演的情景或者在戏剧学院受训的情景，要想象出人群的嘈杂声和你心里的那种感觉；如果你想写本书，那就想象一下你的作品陈列在当地书店的书架上，你坐在椅子上签售的情景，要想象出读者们追着你合影留念和你那时那刻心里的感觉。

第 3 课
为梦想描绘一幅理想的愿景图

梦想训练营

让我们开始创建你的愿景。你需要 15~20 分钟的时间，找一个不受外界干扰的地方，静静地闭上眼睛。

创建你的愿景

- 找个不受外界干扰的地方，拔掉电话线，找一把舒适的椅子，最好是直背椅。坐下来靠在椅背上，双脚平放在地板上，闭上双眼。

- 从双脚开始，全身放松。全身放松有个诀窍：从脚部到脸部，绷紧再放松。先从脚趾开始，绷紧再放松，接着是两只脚，绷紧再放松，然后是小腿，绷紧再放松，依次往上，直到脸部。

- 如果你不喜欢绷紧放松法，可以采用呼吸法。吸气，数 7 下，再呼气，再数 7 下，再吸气，反复循环 7 次。哪种放松法对你有效就采用哪种。这一步要慢慢来，如果太快会头晕的。

- 等你完全放松下来，就可以开始在心里想象梦想实现时的画面了。尽量把画面想象得宏大一些，色彩要鲜明、大胆。

- 聆听一下你的愿景将会听到的声音（比如你的表演让

- 观众发出了雷鸣般的掌声)。
- 想象一下在那种情形下你自己的感受。
- 如果你梦想的东西是有味道的,那不妨想象一下那是怎样的一种味道(这也许对成为演员的梦想不太合适,但是如果你梦想开一家餐馆,或者梦想负责一场盛宴,那就可以尽情想象一下)。
- 如果你的梦想里有可以触摸或者可以嗅到气味儿的东西,那就把这些因素也添加进去(如果你的梦想是成为演员,那么在表演结束的时候或许还有人献花,你可以触摸花朵,可以嗅到花香)。
- 接下来,让你的想象天马行空,让那幅画面尽可能成为一种真实的感觉,并尽情地享受那时那景。
- 你会意识到,如果有很大的干劲儿,你就会走向成功。
- 在结束这次训练之前,要留意你体内的各种感觉,这样你就可以轻而易举地让这些感觉重现。就我而言,士气是藏在内心的,每当我受到激励和鼓舞,我就会感觉心胸开阔,精神振奋。我会想象有一缕光从我的胸口射出,激情在我体内奔涌,我感觉自己高高地站在世界之巅。我感觉生命中充满着各种可能性。
- 等你真真切切地感觉到自己的愿景并为之感到快乐时,就可以慢慢回过神来,睁开眼睛了。

第4课
告诉全世界你的梦想是什么,让梦想成真

在一生当中,你有多少次曾经信誓旦旦地说要做某件事,却因为没人知道你的梦想而没能成功?把计划告诉别人就相当于增加了筹码。在一月份寒风凛冽的清晨,你宁肯把头埋进被窝里赖床,也不愿意爬起来去健身俱乐部。但是,如果跟别人约好7点在健身馆见面,你就不得不爬出热乎乎的被窝。

劳拉·温特沃斯(Laura Wintworth)

在第4课中，我将帮助你慢慢地把你的梦想从一个想法变为现实。我把你的愿景跟大家一起分享，告诉你的亲朋好友，你正在为某个特定的目标努力奋斗，这相当于迈出了一大步，不过这么做有可能会产生以下后果：

- 把梦想告诉别人需要一定的勇气。首先，你要相信自己的梦想一定会实现，等你实现梦想的时候，就会知道自己能够到达可以抵达的终点。
- 与人分享你的愿景有可能会让你获得建设性的反馈意见，你可以利用这些意见完善自己的目标。但一定要小心，因为有的人可能会仅仅因为自己没有足够的勇气去追求梦想就持消极态度，或者由于担心你的目标实现后会影响你和他们之间的关系而持反对意见。例如，你的父母和关系亲密的家人可能会担心你的减肥计划让他们失去大快朵颐的机会。你必须学会判断哪些是建议,哪些只是反对意见。对于提出看法或意见的人,你只需说声谢谢,然后自己判断他们是否言之有理。如果确实觉得他们言之有理,你就获得了改进自己目标的良机。

- 把愿景告诉别人还有助于你付诸行动。如果周围没有人督促你,效果肯定没那么好。只要告诉别人你正在朝着某个方向努力,他们会不时询问你进展如何,你就有可能坚持下去。此外,如果你没有取得进展,问题就会显得更突出。

我们会在第三部分和第四部分探讨承诺和动力的问题,这个阶段谈这些为时尚早,现在我只建议你把自己的愿景告诉人们,敦促自己将梦想从想法变成现实。他人良好的反馈意见可以帮助你改善愿景,你也可以通过对计划的常规讨论获得动力。

| 我与人分享愿景的那天 |

三年前我就开始考虑写这本书,但我没有告诉任何人,只是把这套方案做成一个图表,并赋予了各种醒目的标题。等到我对此越来越有自信时,我才把我的想法告诉了先生。其实他也不知道图书出版是怎么回事,但他鼓励我去找人咨询。我在网上搜到一位自称是写作顾问或写作指导的人。我约见了这位女士，并把自己打算做的事告诉了她。事情从此便开始有了转机。她给了我很多特别棒的建议，教我如何申请，如何寻找出版商。想想当初如果我没有把自己的想法告诉先生，他就不会建议我去找人咨询，我也不会去找顾问。就算再过一年，我可能还只是在空想，而不是付诸行动，因为我根本不了解怎样才能出版一本书。

不过你不要以为我的人生总是那么一帆风顺，有时候把想法告诉别人也会产生负面效果。在写第一稿的那一年半时间里，我告诉很多人我想写一本书。我越往下写越觉得乐趣无穷，并且信心倍增。当时很多人都对我说，出版一本书很难，我需要一个平台，没有人会跟我签约等，他们不停地打击我，但这些都没能对我产生影响。我选择对这些意见充耳不闻，因为我知道我的方案一定行得通，我在写这本书的时候真的很开心，而且，我坚信自己这么喜欢做的事没道理不能成功。不管遇到哪种情况，我的写作顾问都告诉我，即使我找不到出版商，也完全可以自己出版，何况我的书很有意思。最后，我想用自己的理念去帮助别人。我认为条条大路通罗马，一定有条路可以成功。凭借着自信，我轻而易举地做到了对那些打击积极性的反对意见充耳不闻。不过，你一定要警惕！你的愿景是非常宝贵的，准备施展身手之前，仔细甄别有益建议和负面建议吧。

第 4 课
告诉全世界你的梦想是什么，让梦想成真

现在就创建行动计划，并公之于众吧。你需要花费 15 ~ 20 分钟的时间，准备好笔和纸，或者用电脑、活页夹或笔记簿（胶水、圆规、打孔机等）做记录。

公之于众

首先来判断一下，你通过把自己的愿景和目标告诉别人，并可以获得以下的收获：

- 信心。向别人描述自己的计划能让自己变得更有信心；
- 反馈。获得一些建设性的反馈意见，你可以用这些意见提炼自己的想法，例如，明确自己的目标，检验自己成为商人的梦想的可行性；
- 可控性。让你的计划变得可控。

其次，你要把你的想法告诉哪些人，把他们的名字列出来，并在他们的名字旁边写上你是否打算从他们那里获得信心、可控性、反馈意见或者其他东西。

把你打算告诉他们的截止日期写下来。这是你的第一个行动计划！

第二部分
制订你的梦想计划

第 5 课　通往梦想的途径
第 6 课　创建初步的梦想计划
第 7 课　确保万事俱备
第 8 课　确定你最终的梦想计划
第 9 课　找到你的助梦伙伴

PART 2
制订你的梦想计划

一个有计划的傻瓜比一个没有计划的天才更强!

T·布恩·皮肯斯(T. Boone Pickens)

在第一部分当中，你明确了自己的愿景和目标，并且通过把自己的想法公之于众来促使你的想法变成现实。在第二部分，我们将为你制定实现目标所要采取的策略，其中包括你需要采取的方式、实施的计划和需要的资源，还包括如何在追求梦想的道路上借助成功伙伴的力量来激励或支持自己。

第 5 课
通往梦想的途径

> 你想取得什么成就,避免什么结果?这个问题说的是目标。你会通过什么途径获得你渴望的结果?这个问题说的就是策略。
>
> 威廉·E. 罗斯柴尔德(William E. Rothschild)

实现梦想的途径是策略的第一组成要素，包括如何搭建起现实与梦想之间的桥梁。同时它还是你达到目标时所选择采取的行动类型。要做成一件事有很多办法，对你来说哪个办法是最好的？

|制定实现目标的行动清单|

　　假如你想改变自己的生活方式，从此过上健康长寿的生活，那么为了实现这个目标，你或许会希望在3个月内体重减掉6公斤，希望能增强体质（你可能还会针对身体某个部位将进行的锻炼做出详细的描述），希望能把压力减少一半。要想达到这些目标，肯定不止一种方法，不过有的方法对你来说更有吸引力。我们要开动脑筋，把各种不同的方法都写下来，然后找到最有效的方法，剔除那些缺乏乐趣、吃力不讨好的方法。我们不妨通过图表来进行阐述，就以上述愿望为例，把每个目标列出来，再把实现每个目标的途径列出来（见表5—1）。

表5—1 "改变生活方式，过上健康长寿生活"实现途径表

目标	可能的途径
3个月减掉6公斤	● 加入纤体俱乐部 ● 向营养学家咨询，并制定一份营养食谱 ● 去健身馆，让他们帮忙制订一份运动与饮食相结合的健身计划
增强体质	● 去健身馆健身，制订健身计划 ● 购买健身器材，安装在闲置的房间里 ● 买一辆自行车，每天骑车 ● 每周游两次泳 ● 参加普拉提培训班
6个月减压50%	● 确保有完整的午休时间，劳逸结合 ● 按时下班 ● 学习冥想，每天冥想20分钟 ● 每天晚上睡觉之前至少做一件放松的事，比如阅读、泡澡等

| 通过头脑风暴获得更多实现梦想的途径 |

我只花了几分钟时间就想出了实现上述目标的不同方法。

如果再多花 10 分钟时间，我肯定会找到更多的方法，这就是我所说的"不断改进你的方式"。即便你已经知道自己将会选择哪种途径来实现目标，但我还是会建议你完成这项训练。这么做有两个原因：第一，我想让你把自己的方法写在纸上，以便可以用它制订一个行动计划，这会让别人信以为真；第二，如果你选择的第一种方式行不通的话，那你还可以返回这项训练，选择其他备选方式，或者把几种途径结合起来。

此外，我们还可以用这项训练确保你不会漏掉实现目标所涉及的方方面面。在改变生活方式的例子中，有哪些表 5—1 中未列明但能帮你做到"健康长寿"的方式？我最近参加了珍妮・李・格雷斯（Janey Lee Grace）的一个研讨班。在研讨班上，她告诉我们，家里的洗涤用品会让你生病。其实，我早就听到过这个说法，但一直都没当回事。她的现身说法让我开始考虑采取一些措施。于是我可以把下面的目标列入自己的行动方案中："让我们家的居住环境更健康"。为了让家居环境变得更宜居，我选择把烈性洗涤用品全部丢掉的方式去达成此目标。

|选择途径，应对挑战|

在为这本书收集素材期间，我跟几个人聊过他们的志向。我的朋友维奇的愿景很明确：她想通过自己在化妆方面的专业知识去为人们提供相关咨询建议。她觉得人们目前所能得到的化妆建议大都来自那些向其推销化妆品的品牌，事实上可供她们选择的建议十分有限。于是她看到大把的机会，也开始获得一些订单。

她对这项事业非常有激情。但是当我问她进展如何的时候，她一下子就泄了气。她告诉我，为了开展这项事业，她只能见缝插针地挤出时间。她有三个孩子和一份兼职工作，所以能够投入的时间和精力十分有限。我通过问她几个问题，发现她一般星期四上午都有空，可是由于缺乏方法和计划，她没能充分利用自己的宝贵时间去马上付诸行动，而将时间白白浪费掉了。

如果你也像维奇那么忙，就要选择能够让你集中时间和精力的途径。想想看，一旦你想清楚应该朝哪个方向努力，那你实现梦想的进展将会快不少。

你可以分阶段来不断完善自己实现梦想的途径。首先开动脑筋，把所有可以用于实现目标的途径都找出来，然后审视一下你当前的状况，选择最行之有效的方式。腾出时间，准备好所需工具，完成下面的训练。

找到实现梦想的途径

训练 1

1. 拿出你在第 1 堂课中所做的训练并阅读当时的答案。
2. 写下你的目标以及目标可能涵盖的最大范围。
3. 为此目标创建一个表格,开动脑筋寻找实现目标可能的几种途径。
4. 做训练时一定要放松,不要求全责备,尽力去做就可以了!

你在寻找实现目标的各种途径时,可能会发现似乎快要形成计划了。如果真的形成了计划也没关系,因为我们之后在第 6 课制订计划的时候,还要用到这个训练。

为了完成最后的训练,你还需要考虑目前距离自己的愿景有多远,以便考虑采取什么样的措施才能实现愿景。尽管你可能觉得之前已经审视过现状和愿景之间的差距了,但我还是建议你通过下面的训练把它记录下来。

- 为了衡量日后的进展情况,我们需要知道起点在哪里。
- 如果你已经开始行动,我们就可以将其标志为"进行中"。
- 审视现状可能会让你重新考虑自己选择的途径。

腾出时间做训练,准备好所需的工具。

训练 2

通过审视现状完善实现目标的途径

- 拿出你之前所创建的表格 1，往右边再加一栏，这一栏就是"审视现状"，用来展示你现在的状况。
- 针对每个目标或目标所涵盖的领域分析现状与目标之间的差距，然后写下来。以表 5—2 为例。

表 5—2 "改变生活方式，过上健康长寿生活"可行性对照表

目标	可能的途径	审视现状
3 个月减掉 6 公斤	● 加入纤体俱乐部 ● 向营养学家咨询，制定一份营养食谱	现在体重 63 公斤，为了达到标准身高体重指数，需要减到 59 公斤
3 个月减掉 6 公斤	● 去健身馆健身，让他们帮忙制订一份运动与饮食相结合的健身计划	● 营养平衡，但是吃得太多。两餐之间不怎么吃零食，这点既有好处也有坏处，因为这意味着血糖水平会很快下降，这着实令人苦恼 ● 体重超标导致活动时腰酸背疼
增强体质	● 去健身馆健身，制订健身计划 ● 购买健身器材，安装在闲置的房间里 ● 买一辆自行车，每天骑车 ● 每周游两次泳 ● 参加普拉提培训班	● 身体很不好，上个台阶都要喘半天 ● 腹部肌肉太脆弱，导致经常腰痛 ● 久坐导致肩膀不时疼痛，正在尝试脸朝左边侧卧睡

续前表

目标	可能的途径	审视现状
6个月减压50%	• 确保完整的午休时间，劳逸结合 • 按时下班 • 学习冥想，每天冥思20分钟 • 每天晚上睡觉之前至少做一件放松的事，比如阅读、泡澡等	• 中午从来不午休，这很不好，因为工作日都没有机会去呼吸一下新鲜空气、晒晒太阳 • 现在每周工作50个小时，工作效率可能并不高，压力却十分大，此外，常常因为没有足够的时间陪伴家人而内疚 • 没有花足够的时间冥思，总是忙完这件事就忙那件事 • 备注：光是把这些写下来就让我感觉压力很大

正如我之前提到的那样，"审视现状"可能会让你找到改变自己的途径，那就去改变吧，你可以一边做训练一边调整方法。

第 6 课
创建初步的梦想计划

> 目标就是我们形成计划并付诸实施的梦想。
>
> 金克拉（Zig Ziglar）

如果说途径是达到目标和实现梦想的办法，那么计划就是为了实现目标而采取的一系列措施。还记得我们用构建法分解愿景时是怎么说的吗？如果你完成了那个步骤，做了那项训练，那你就可以清晰地看到你梦想的大致框架了。你的目的、目标和途径汇集在一起形成了愿景的雏形，让你的梦想变得更聚焦，变得更容易实现。

现在，我们还缺少一个详细的行动计划表。这一课就是关于行动计划的。你在做之前的训练时就已经开始考虑要采取哪些行动了。比如，减肥是你的目标之一，而加入纤体俱乐部是你想要采取的途径，你已经开始打听附近的俱乐部了，这就叫作行动。

第6课
创建初步的梦想计划

|不要单靠吸引力法则,还要付诸行动|

近年来,"吸引力法则"一词在一些书籍和电影中相当热门,很多相关书籍都是专门讨论我们的思维对现实的影响力的。吸引力法则是指你能够吸引你想要的东西,因此,如果你期待一种充满挑战的生活,那你就会过上那样的生活。我可以现身说法告诉你,这是真的。我从27岁起开始阅览第一本介绍正向思维的书,我的人生从此便得以改变。在接下来的12个月时间里,我鼓足勇气辞掉工作,成为一名自由职业者,由此彻底改变了自己的工作和生活状态。不过关于这一点,大家还是要谨慎。

很多关于吸引力法则的书仿佛都在暗示,你只要坐在家里憧憬美好的未来,美好的未来自然就会降临。就我而言,我觉得还是需要付诸行动的。例如,在改变工作方式这个案例中,我首先有换工作的意愿,认为自己应该得到更高的报酬,并积极留心周围出现的机遇,等到它一出现,便立即牢牢抓住。根据我对吸引力法则和正向思维的理解,你需要从两个方面入手:正确的想法和实际的行动。我们在这一课制订的计划可以帮助你付诸行动。我们在第3课中描绘的愿景图和之后对信念受限和恐惧心理进行的分析都可以帮助你树立正确的想法。

| 制订你的梦想行动计划 |

制订计划首先要罗列出你需要完成的工作，为每项工作设定完成的期限，了解你所需要的各种资源（见第 7 课）。制订好的计划看上去像一个十分详细的清单：有要做的工作；有明确的日期；有当前的状态；还有其他的相关信息。你的计划可以激励你进取，跟踪你的进展情况，有时候还可以修正你接近目标的途径。计划表的作用非常大，因此我们一定要将制订好的计划表钉在某个显眼的地方，让你随时都能看到，从而让自己的行动更具条理性。你不妨想一想维奇的例子，想一想计划表是如何帮助她把有限的时间集中在推动事业的进展上的。

| 时刻调整你的计划 |

当然，正如我们在这本书当中讨论的那样，什么都不是一成不变的，你的计划也不是完全不能改变的。周围的世界瞬息万变，所以无论做什么事都需要一定的灵活性。如果发现有些行动与自己的目标不再有关系，你完全可以改变现有的实现目标的方式。

如果你还没有开始采取重要的行动步骤，还在思考、策划实现愿景的途径，那么任何事情都可以改变。此时，你的投入还不算很大，完全可以改变主意，你可以先认真思考，再采取行动。唯一要小心的是，在做出改变的时候，必须确保其所涵盖范围、目标、途径和计划仍旧保持一致。

但如果你已经投入了大量的时间和资金，那就需要三思而行，好好考虑一下你接下来想要做的事所带来的影响。例如，你已经签了扩建房屋的合同，并且已经开始施工了，但是你却突然改变想法。不是不能改变想法（如果你真的搞错了，那倒也不妨早些纠正错误），而是必须三思而后行，考虑所做出的改变会给你的愿景、资源甚至合作伙伴带来什么样的影响。

举例来说，假如我先生决定成为一名理疗师，并且把我们所有的积蓄都投入到了理疗师培训课程上，但是当培训进行了一半（而且花了几千英镑）后，他突然改变主意，决定要成为一名摄影师。在他把更多的钱投进去之前，我一定会要求他好好想一想为什么突然改变主意，看看这其中的利弊所在。话虽这么说，不过幸好我们还在制订计划的阶段，你应该还没有采取什么重大行动，所以完全来得及修正你的计划。

在制订梦想行动计划之前，我建议你首先回顾一下我们之前做过的工作，并回顾一下你梦想所涉及的方方面面。建议你在第

5课和第6课之间稍作停顿，这样做不仅可以把所有的细节摆在自己眼前，还可以让你摆正心态（有望让你对自己的愿景充满干劲和激情）。

现在，请确保你能够腾出时间做训练，并准备好所需的工具。

制订初步计划

1. 从网络上下载计划表模板，或按照下面的格式，自己创建计划表。

2. 把准备采取的方法放在眼前，针对每个目标问一问自己："要达到这个目标，我需要做些什么？"然后把你将要采取的步骤和限定日期详细列出来。如果你不确定每个步骤需要多长时间，那就大概估计一下。例如，你可能不知道在附近找一家满意的健身馆需要多长时间，那预留出一个月的时间总够了，因为你需要进行比较的健身馆多半不会超过三家。

3. 阅览一下计划表，在脑子里把那些步骤过一遍，看看是否符合逻辑，设定的日期是否可行。例如，在拿到工程预算表之前，你可能都不知道该如何投资扩建工程，而在找到承建商之前，你可能都无法估算。事情

第6课
创建初步的梦想计划

> 都具有相互依赖性，一项工作与另一项工作之间彼此相互依赖。
>
> 4. 把你的主要设想和观察结果都写下来，确保你把考虑到的所有因素都包含了进去。这一点在后面的课程中将显得非常重要。

针对"改变生活方式，过上健康长寿的生活"这一愿景所制订的初步计划见表6—1。

我们可以把关于这项计划的主要设想和观察结果写下来：

- 尽管在这个阶段来看，整整一周时间可以把每个项目做一遍，但这样做可能会显得太急功近利了。应该充分考虑一下生活中还有没有别的事要做，以确保真的能像计划的那样完成所有的项目。这就是为什么把"买几本关于冥思的书"放在第三周的原因。

- 在这个计划中并没有包含每隔一段时间回顾一下进展情况的内容，我们会在第四部分告诉大家关于回顾进展情况的方法

表6—1 "改变生活方式,过上健康长寿生活"的行动计划

任务/行动	第1个月				第2...		
	第1周	第2周	第3周	第4周	第5周	第6周	第7周
体重减掉1公斤							
寻找纤体俱乐部	■						
加入俱乐部		■					
跟踪进程(每周减掉2公斤)			■	■	■	■	■
增强体质							
在附近寻找健身馆	■						
参观后评估设施		■					
去最适合的健身馆		■					
留出时间段推进进程							
参加讲习班				■			
跟踪进程					■	■	■
减压50%							
工作日历中计划工间休息时段	■						
开始休息		■					
每天休息			■	■	■	■	■
按照每日工作日历计划按时下班	■						
开始按时下班		■					
每天按时下班			■	■	■	■	■
买几本关于冥想的书				■			
看书					■		
冥想					■	■	■

052

第6课 创建初步的梦想计划

	第3个月				第4个月				第5个月			
第8周	第9周	第10周	第11周	第12周	第13周	第14周	第15周	第16周	第17周	第18周	第19周	第20周
■	■											
■	■	■	■	■	■	■	■	■	■	■	■	■
■	■	■	■	■	■	■	■	■	■	■	■	■
■	■	■	■	■	■	■	■	■	■	■	■	■
■	■	■	■	■	■	■	■	■	■	■	■	■

第 7 课
确保万事俱备

> 人类灵魂最伟大的成就就是抓住机遇,充分利用个人资源。
>
> 沃维纳格(Vauvenargues)

让外部的力量助你一臂之力

你在制定计划的时候,可能已经意识到有些任务需要他人的参与。如果你的目标很简单,只是"改变生活方式"这样的愿景,可能仅凭一己之力就足够了。但是,如果你的最终目标是扩建房屋,当然你完全可以自己施工,但是大多数情况下,你还是需要雇请专业施工者甚至各种施工队。这就意味着,为了实现计划,你还需要别人的参与,需要把别人的工作计算在内。在这个例子中,这些人就被称为"资源"。

为了让你的计划更具可控性,你还需要确保施工者的计划和预算合乎情理(他们的工作范围要比较明确)。你在第1课当中学到的技巧可以派上用场了,你可以用它来确保施工者给你的预算表涵盖他们即将进行的具体工作范围，包括交付物、主要交付期和总费用。与施工者订立合同的时候，还可以明确规定如果超支怎么办，特别是当他们发现自己的初步预估不正确，需要延期交付，还要额外向你收费的时候。（我对工程建造并不是很在行，如果你真的打算施工，还是要请专业人士来帮你审查施工预算。）

| 控制梦想行动计划的风险 |

管理风险是一门艺术，你应该把项目控制在你规定的范围、计划和预算之内。要做到这一点，关键在于签订合同之前就要尽可能描述得十分明确，理解得足够透彻。因为你无法把一切因素都掌控在手中，因此应多花点儿时间好好想一想哪些地方容易出错，预估一下出错将会产生什么样的影响，这就是"风险评估"。

我们将在本书的第三部分具体探讨风险管理的问题。不过，既然你已经制订好了计划，我们不妨在你还没有投入稀缺资源（比如资金）之前好好想一想哪些地方容易出错，特别是在第三方介入之前。如果你已经习惯了正向思维，那你也许会感觉这样做很别扭。"我怎么能去想什么地方可能出错呢？你不是说我们的想法创造了世界吗？"是的，确实如此，但是无论你多么积极乐观，风险和未知因素都是在所难免的。风险可能从来都不是可以物化的，因此无须"计划"它们的发生，只需去考虑"如果发

生了该怎么办",并采取一些预防措施。这样你就可以用正向思维防患于未然了!

| 为你的梦想计划留有余地 |

大多数情况下,没有人会故意要欺骗你,有可能是他们第一次听说你的愿景,对你的目标不像你自己那么了然于胸,从而导致计划(和预算)的出错。你对自己想要的东西十分熟悉,而且满怀热情,所以很有可能会遗漏传递某些非常重要的信息(特别是你不怎么喜欢的方面)。此外,当你刚与别人签订合同时,多半会因为自己的梦想即将实现而变得非常激动,以至于不够谨慎,这都很正常。此外,你可能对别人非常有信心,因为他们之前就跟你合作过,而且表现不错。不过这并不能保证他们这次能完全了解你心中所想要的到底是什么。

抛开环境,抛开对积极事物的感觉,暂时搁置你的激情,用理性思维去思考事情出错的可能性。下面,不妨让我们以真实生活中发生过的一件事为例,来说明风险评估和预防偶然性事件的重要性。

汤姆和宝拉要重新装修房子,第一年他们以现代简约风格装修了浴室,装修质量非常好,他们也相当满意。他们的房子是典型的英国住宅,建于维多利亚时期,之前的主人在住房后面进行了扩建,

第7课
确保万事俱备

扩建部分的一楼是厨房,并在厨房的房顶上建造了浴室。接下来他们计划装修厨房。他们跟之前帮他们装修过浴室的承包商谈过,承包商给他们推荐了一名建筑工人,这位建筑工人承诺将以浴室的装修质量为标准为他们装修厨房。汤姆和宝拉很有信心,特别是约见了这位建筑工人并听取他的报价之后。他们压根儿就没想到会出什么差错,只顾着欢欣鼓舞了。

不幸的是,开始施工后第三天,那位建筑工人发现前房主扩建的时候没有打地基。于是他告诉汤姆和宝拉,扩建部分的地基很有可能会开始沉陷,如果发生这种情况,受损的不但是厨房,连刚装修好的浴室也难以幸免。他们应该尽快决定是对风险置之不理继续照旧,还是加大工程量,加固地基,这样工程的时间要延长一个月,费用也要上浮50%。

汤姆和宝拉听后十分震惊。这太突然了。他们根本没想到会发生这种情况,他们已经把所有资金都投在了厨房的装修上,根本没想过要预留一部分资金以防万一。最后,这对夫妇决定去贷款加固地基。这个结果尽管不尽如人意,但至少避免了将之前浴室装修和现在厨房装修的资金白白扔掉的结果,当然,也就保住了他们耗费在房屋装修上的投资。

由此可见,对于你计划中所涉及的所有第三方因素,你都要养成三思的习惯,多问几句"如果出现意外怎么办"。如果你的计划需要投入资金,那一定要预留20%的预算来防范意外。如

果你能预料到会出现像汤姆和宝拉的案例中那么大的风险,就要预留出更多的预算。一定要等到你能支付得起整个计划所需的费用,并预留出一部分资金后,再开始实施计划。

梦想计划需要考虑的其他因素

你在实施计划时,除了考虑第三方因素外,还需要考虑其他客观因素,这些客观因素或许和人员无关,就比如在改变生活方式的案例中,"健身馆"和"纤体俱乐部"也是需要考虑的因素。换工作可能还需要接受培训,找个辅导班参加学习。因此,客观因素是指你实现目标所需要的任何东西,它可以是人、书籍、课程、时间或者资金。

此外,你可能还需要听取专业人士或专家的建议。例如,如果你想创业,可能就需要咨询会计人员、银行经理和专家的营销建议。请用本课所提到的各种因素,学会"如何"预设自己所需考虑的各种风险。

充分利用好手中的资源

有时候资源是有限的。我所认识的大多数人都没有多少可供自由支配的时间和资金,你可能也差不多,所以你必须把宝贵的资源用在刀刃上,把时间和资金花在能够帮你接近目标的事物上。在采取行动之前,着力于想明白你该如何实现自己的目标,并制订出清晰明确的计划,这将有助于你最大限度地利用好你手中的资源。

犯错、走弯路、浪费资源在所难免。即便围绕你的愿景设定了明确的计划和框架,也可能避免不了这种情况的发生;但如果你按照本书的方案逐步推进的话,至少还可以亡羊补牢。如果你没有任何构想去实现目标,也从不定期回顾你的进展情况以及现实与目标之间的距离,那么很有可能在你意识到自己走错方向的时候为时已晚,你的资金也已经耗费殆尽了。

从做训练开始吧。

确保万事具备

1. 拿出你的计划表。
2. 在"任务"栏和第一个月之间加上一栏,即"资源"栏。
3. 对于每项需要别人合作完成的工作或需要对资源进行评估的任务,在"资源"栏填写资源。如果该项任务只需

自己一个人完成,就填上自己的名字或者留白。

4. 如果你需要向专业人士咨询,或者需要学习某些新的技能,就把这项任务当作一项独立工作列在计划表里。

5. 确保你把需要投入资源的任务都罗列在了表格里。

6. 如有需要,可以登录网站下载参考样例。

7. 如果你已经明确了某些风险和问题,把它们记录下来,我们将在第11课中正式针对这些问题列表说明,届时我们会将所遇到的困难做一次归纳总结。

第 8 课

确定你最终的梦想计划

> 良好的计划会形成良好的决策。这就是为什么良好的计划有助于实现难以捉摸的梦想。
>
> 莱斯特 • 罗伯特 • 比特尔（Lester Robert Bittel）

第 8 课是确保你的梦想计划得以完成的步骤，它包括以下几个方面。

- 把主要项目分解成任务。这个过程还必须反映出你对梦想实现后所得到的结果（完成任务和项目后会看到或者获得的东西，比如出版的书或者崭新的厨房）了然于胸。
- 明确每个项目和任务的状态，特别是当你开始着手之后。
- 一张详尽的资源列表和一份工作预算，还应包括一份预留支出的计划。
- 针对风险和问题草拟表格（现阶段只要随手记下来就可以了）。
- 预估每项任务和项目需要花多长时间或需要多少费用（费用问题列在独立的预算清单中）。
- 充分理解任务和项目是如何相互关联的（也就是相互依赖），以及哪些任务和项目对整个时间安排至关重要（即关键途径）。

第8课
确定你最终的梦想计划

|行动计划有助于跟踪进展|

给你的计划限定时间有助于你跟踪计划的进展情况，也有助于在发生延误的时候及时采取措施。我会在"开始行动"栏目（从本课开始，该栏目将会出现在每一课的结尾部分）鼓励你定期去检查自己的计划。查看任务进展情况：哪些任务正在进行中；哪些任务已经完成了；现在打算做些什么；是否一直在跟踪自己的任务；如果你或者你的资源出现了超限问题，是什么原因造成的；产生了什么影响；对此你打算怎么处理；你是不是面临浪费资金的风险。

学会给生活制订计划并定期更新、改善不但可以迅速有效地解决问题，还可以让你保持积极进取的状态。好好想一想，当你制定一项任务去完成的时候，是不是感觉很棒？当你非常清楚第三方需要进行哪些工作，并拥有一套机制去跟踪进程的时候，是不是感觉很棒？当你看到一切进展顺利的时候，或者知道为什么进展不顺利并能马上出手干预的时候，是不是感觉很棒？

|预估的艺术|

如果你不擅长预估，而且对你所设定的完成特定任务和工

作的时间不完全确定,那就进行保守估计,多给自己留一点儿余地。多预留一些时间总比时间不够用的好。当然,预留过多余地也不是太明智,这样会影响你的积极性,而且,如果这项任务需要付费,还会导致你超支。另外,如果这项任务需要由别人来完成,你觉得时间很难预估的话,那就跟他们去沟通,让他们来预估。如果你为了厘清步骤需要进行一些调查的话,那就把调查作为一个项目列入计划,然后对该调查进行预估。如果你不想现在就着手调查,或者现在着手调查并不合适的话,那就在预估时留出一定比例的时间,预留出多少时间取决于你完成任务的自信程度。如果你感觉根本没有信心,就要预留 30% 的时间;如果你感觉信心十足,那只留出 10% 的时间也就够了。你可以到后面再调整时间。

| 检查计划时所需考虑的因素 |

在检查计划的时候,还需要考虑任务之间的相互依赖性和实现愿景的关键途径。比如,假设你想推销自己的写作服务项目,在确定你所要提供的内容和价格之前,你是无法推销自己的服务的。如果你提供一项定义不太明确的服务,那多半无法吸引客户,因为他们不清楚你所说的"写作服务"是什么意思。提供哪种类型的写作服务?写博客?编辑?还是写商业报

第8课
确定你最终的梦想计划

告？因此，我们可以说"提供写作服务"的任务与"明确定义写作服务"的任务是密不可分的。如果你需要花一个星期的时间明确服务项目，那么在一开始的时候，就要将提供写作的时间推迟一个星期。你不能两项任务同时展开。

在上述例子中，我们可以说明确定义服务项目是一项关键任务，正如上面所解释的那样，在你对服务项目这项任务进行明确定义之前，无法开展提供服务的任务，这项工作拖一个月，整个项目就要往后拖上一个月，这就是所谓的关键途径。一系列关键任务的拖延则会影响整个计划的实施。

顺便说一声，按照时间顺序来安排任务至关重要！

下面进入梦想训练营，并最终确定你的计划。腾出时间，准备好所需的工具。

最终确定计划

1. 拿出你的计划,检查一下你所预估的完成时间。如有需要，调整期限。
2. 把所有的活动和任务都过一遍，确定它们是不是相互依

> 赖的，把有相互依赖性的任务用箭头连起来（以示在做其他工作前必须完成某项工作）。如有需要，请登陆网站下载参考样例，你将看到更直观的阐述。
> 3. 只要看看由箭头构成的那条途径就可以找到关键途径。在箭头前面的任务完成之前，后面的任务无法开展。

从本课开始，我将增加"开始行动"栏目，以提醒你开始把计划付诸行动。当然，你的计划还不够完美（例如，你可能还有些调查工作需要做），但还是应该开始着手进行了。

开始行动

1. 取出你的计划表，决定你要完成哪些任务，什么时候完成。这些任务可以是你需要进行调查的领域。
2. 每周安排出时间去完成这些任务。在日志中特地留出时间，把计划表钉在墙壁上，这样到约定时间就知道该做什么了。
3. 每天早晨和/或晚上留出一段时间，安静地坐下来，想象一下你梦想实现后的情形（见第3课当中的练习）。这个训练可以在你起床前和/或入睡前进行。

第 9 课
找到你的助梦伙伴

> 如果众志成城,成功就会水到渠成。
>
> 亨利·福特(Henry Ford)

希望追逐梦想能给你带来很多乐趣，让你大有收获，尤其是你现在已经拥有了一个明确的梦想行动计划。然而，我们必须面对现实，不时提醒自己遭遇挑战在所难免，必须让自己保持积极乐观的心态。因此，从那些对你很重要的人那里获得支持十分关键。实施计划的时候，如果能获得亲友和家人的支持，当事情进展得不那么顺利时，你就会得到他们的鼓励。当你取得一些成就时，就会有人跟你共勉。谁说得准呢？或许你还会得到宝贵的建议，说不定，你的成功伙伴还会把督促你履行计划视为己任呢。

在寻找助梦伙伴的时候，你还需要考虑几个问题，即你所做的能不能得到他们的支持？他们是否真的会支持你？

第 9 课
找到你的助梦伙伴

|不是每个人都会成为你的助梦者|

你可能会觉得奇怪，那些爱你的人怎么会不支持你？不管怎么说，你努力实现自己的人生目标的确是一件激动人心、积极上进的事啊！从你的角度去考虑或许的确如此，但是别人的角度和立场则不同，你的目标对他们来说可能无关紧要。那你怎么才能得到他们的支持呢？

告诉他们你所追求的梦想对你而言有多重要，让他们充分感受到你的激情。你的梦想对你来说虽然很真实，但刚开始时，它基本上都只存在于你的脑海里，别人无法走进你的内心世界，看到你的梦想。要想让他们看到你所憧憬的梦想，就只有不断地向他们描述你的愿景和进展情况，清楚地告诉他们你多么强烈地希望实现梦想。

如果你觉得谈论自己的梦想不合时宜，或者感觉别人会因此而厌烦你，甚至为自己拥有如此宏伟的梦想而尴尬，就有可能没有勇气将你的计划告诉别人。如果你身边的人对你的计划了解得不够充分，或者你故意贬低了计划的重要性，那他们就有可能不理解你。因此，你潜在的助梦伙伴可能会对你的梦想没那么热心，给不了你太多的支持。朋友之间倒还不会有什么问题，如果是伴侣或父母，那么问题就会显得很严重，因为你想从他们那里获得更有力的支持。在第4课当中，我们曾探讨过如何向大家公布你的梦想的问题。希望你已经这么做了，不过，如果你现在对自己的梦想和计划有了更进一步的认识，那一定要让你的助梦伙伴了解你的最新进展。

他们是否觉得你的梦想有一定危险性或威胁到了他们，如果是这样，你要及时打消他们的顾虑。你身边的人对你追求的目标或许跟你一样在乎，只不过他们是站在消极的角度来考虑的。如果你没能实现梦想，他们反而会受益，因为他们发现你的梦想太遥不可及了，他们可能并未意识到自己的这种想法。举例来说，假设你想换个工作，而这可能会导致家庭收入大幅下降，你的伴侣可能会产生危机感。他们可能会因此被迫改变生活方式，而对此他们还没有做好准备，于是，他们可能会不自觉地在你的追梦道路上设置一些障碍。如果是这样，你不但得不到支持，还不得不努力去做通他们的思想工作。如果工作做不通，你就会感觉很沮丧。

事实上，通过良好的沟通，你可以自然而然地得到一部分人的支持，而另外一些人就需要多做做工作。我只是想让你考虑一下这方面的问题，如果有需要，就采取一些实际行动。如果我们坚持自行其是，事情就会变得更加艰难，承受的压力也会更大。如果在实现目标的旅程中能够得到他人的帮助和支持，你的路就不会那么难走。

第 9 课
找到你的助梦伙伴

梦想训练营

在本课中,你需要了解身边的人对你的愿景和目标抱着什么样的心态,他们是因为对你的想法了解得不够充分而无法全力支持你,还是因为对你的计划感到害怕而会给你设置障碍(不管是有意的还是无意的)。另外,你还需要开动脑筋发掘能够让你最大限度获得支持的各种方法。如果在训练期间,你发现不管你怎么做都无法获得某些人的支持,至少你要弄明白他们的顾虑何在,要学会判断哪些东西可以跟他们分享,哪些东西不跟他们分享。

现在开始训练。腾出时间,准备好所需工具。

寻求支持

1. 把所有跟你关系紧密的人的名字都列出来。
2. 把所有跟你关系不怎么紧密但是可能影响你实现愿景的人名列出来,例如,夜校的女士们可能跟你关系并不怎么紧密,但她们可以检验你的一些想法。
3. 列出名单后,创建成功助梦伙伴模板(可从网站下载),针对每个成功伙伴回答下列问题:

- 他对你和你的愿景影响力有多大？
- 他对你的愿景持什么态度，是赞成还是反对？
- 他支持的是什么？
- 他反对的是什么？
- 你想从他身上获得什么？
- 他想从你身上获得什么？
- 你计划如何激励他？你打算如何改变他的反对态度？
- 你如何让他们保持高昂的状态？

4. 如果这一步需要采取一些实际行动，就把"成功伙伴任务"写进你的计划表中。

开始行动

1. 取出你的计划表，根据在前面步骤中所列出的进程，回顾一下有哪些任务取得了进展。如果有些任务已经完成，就把它们的状态改为"已完成"。如果有些任务滞后了，估算一下可能会造成什么影响，判断一下需要做些什么，随后调整你的计划。

2. 判断你接下来要完成的任务，本周留出时间去实施。在日记中确定好时间。

3. 每天早晨或晚上留出一段时间，静静地坐在那里想象一下你的目标实现后的情形（见第3课当中的练习）。

第三部分
走出梦想的死胡同

第 10 课　为梦想照顾好自己
第 11 课　为梦想竭尽全力
第 12 课　为梦想坚持信念
第 13 课　从容应对追梦路上的畏惧感和阻力
第 14 课　增强你的自信力
第 15 课　肩负起追求梦想的责任
第 16 课　扫除梦想道路上的拦路虎——分心
第 17 课　盘点进展，加速前进

PART 3
走出梦想的死胡同

> 要改变一个人,最重要的就是改变他对自我的认识。
>
> 亚伯拉罕·马斯洛

恭喜！在实现梦想的道路上，你已经走到了关键阶段。现在（假设你已经完成了各项任务），你的愿景更加清晰了，你的途径也更明确了，你已经形成了一个清晰的行动计划，也开始在周边寻找朋友的支持。

再回头看看前言部分。我说过，这本书与众不同之处就在于它不仅强调理性因素，也注重感性因素。我发现人们在工作当中更喜欢采用理智的办法，而在个人发展领域则恰恰相反，感性因素成了焦点。我给读者提供的这套造梦方案则把两者都囊括在内，因为这两个方面都是你将要借助的：在制订计划和明确目标时需要采用理性步骤；而在保持积极心态、增强信心、遇到挫折迅速调整时，感性措施则不可或缺。

除了想象愿景的训练外，到现在我们还没有真正涉及感性领域的问题，但是这两种方法无法完全隔离开来，情感和信念的某些方面其实已经开始发挥作用，你的直觉可能早就告诉过你，你将会面临什么样的挑战。

在本部分，你要时刻记住，尽管所有的步骤都很重要，但你按照这部分课程内容所讲述的步骤进行对你的梦想所产生的影响力才是最重要的。实现人生梦想的力量就在你的内心，你才是制订计划的人，你才是应对挑战和寻求帮助的人。如果你没有追求梦想的动力，那整个梦想计划都将不复存在。改变你对自我的看法或许会成为改变人生的关键因素。

在开始之前，希望你能温和而有耐心地对待自己。这个世界往往急功近利，但你应该以一种不同的心态去应对挑战。改变信念和行为、坦然直面恐惧、树立自信心可能是瞬间的事，也可能会耗上几个月甚至几年时间。此外，你常常需要反复尝试各种不同的办法，直到找到能行得通的那种方法。有时候，你甚至不知道哪种方法会奏效，因为你已经发生了改变。很多书都在探讨我们即将涉及的话题。不过我们有限定的领域，我的目标就是帮助你识别阻碍你追求梦想的因素，教给你一些技巧去克服你逐梦道路上所面临的困难，让你全心投入去追求梦想。不仅如此，我还会给你提供一些参考意见，在你需要深入了解的时候供你参考。

第 10 课
为梦想照顾好自己

> 精力越旺盛,身体越有效率,你就越感觉良好,就越会运用自己的天赋获得杰出的成就。
>
> 托尼·罗宾斯(Tony Robbins)

照顾自己是实现梦想目标的重要组成部分。你的计划存在于你的内心当中，把精力投入到你的愿景上的那个人是你自己。因此，你必须让自己保持旺盛的精力和积极的心态，不管是在身体上还是心理上都要积极向上。在本课中，我们将发掘不同的途径让你照顾好自己。我的目标就是帮助你判断应该把注意力集中在什么地方，然后逐步走向成功，而不是一蹴而就。你可能需要经过多次尝试才能平衡工作、家庭、友情与定期训练、正确饮食以及放松自己等需求之间的关系。这一课的目的就是想培养你的良好感觉，而不是给你增加压力。听从自己的直觉，或许你最抵制的就是最让你有所作为的呢？或许来自各领域的小小挑战对你最有效呢？

第10课
为梦想照顾好自己

|首先学会爱自己|

当你感觉良好时,生活会过得顺风顺水,你会精力旺盛,积极进取,可以应对艰难的挑战。你会镇定而积极地做出正确的决定。在没有压力的情况下,你可以开动脑筋,发挥丰富的创造力。如果你受到了伤害,如果你感觉疲惫或沮丧,你的状态就会影响你的决定,你就会变得犹豫不决。愤怒、压力和痛苦常常会让人做出草率的决定。你肯定不想仅仅因为自己情绪不好就错过某些可能会让你梦想成真的东西。

当你感觉良好的时候,人们就会被你吸引,会信赖你的灵感,这一点至关重要。想象一下,假如你碰到一个情绪低落、灰心丧气、焦虑不安的人,他会给你或者你的情绪带来什么样的影响?如果他们只是你人生的过客,而你对自己感觉良好,或许他们不会给你造成多大的影响。但如果他们想向你兜售某种东西,或者想让你参加某项活动,当他们跟你接触的时候,你的情绪就会变得低落。假设一个怒气冲冲、咄咄逼人的销售人员向你兜售车子,你会买吗?当你遇到一名焦虑不安的私人教练,你怎么可能会喜欢跟他一起健身吗?你的感觉不仅影响着你的心理,也影响着他人的情绪,还影响着他人对你的态度。

最后一点，你对自己的在乎程度有时候也反映出你有多爱自己。虽然大家通常不肯承认，但事实上，很多时候我们对别人确实比对自己好。感受一下自己内心的声音，是温柔而关切的吗？它对你说话的态度是不是也跟对别人说话的态度一样温和？作家露易丝·海（Louise Hay）著作的中心思想就是教人们如何自爱。用露易丝的镜子检测法来检测一下，看看镜中的自己。直视自己的双眼，告诉自己你有多爱自己，你有多欣赏自己。这听上去很简单吧？试试看吧。为了照顾好自己，你首先要学会爱自己。

照顾好自己的身体

只有照顾好自己的身体，才会让你在生理上获得良好的感觉，才会有支撑你干一番事业的体力。这意味着，至少你要吃好睡好，锻炼好身体，并充分休息好。你在这三个方面做得怎么样？

你吃的食物健康营养吗？过去，只要你保持膳食均衡，大量食用水果蔬菜，控制好蛋白质和碳水化合物的摄入量，就可以肯定地回答"是的"。但现在不同了，除了膳食均衡，你还必须确保自己吃的食物没有被过度加工，没有因长期存储和长途运输失去所有的营养。那些从遥远的地方进口的水果跟你家后花

第10课
为梦想照顾好自己

园里种出来的食物根本无法相提并论。拇指法则[1]告诉我们,要吃最新鲜的食物,要吃从当地运来的食物,要吃不含农药的食物。膳食博士伊恩·马伯尔(Ian Marber)和最佳营养协会(the Institute for Optimum Nutrition)的帕特里克·霍尔福德(Patrick Holford)出版过几本关于营养学的书,如果你有兴趣在这些基本原则的基础上了解更多信息,或者想知道如何通过食疗法治疗疾病、改善情绪的话,不妨去查阅一下他的书。

你定期运动吗?运动不仅可以让你身体健康,还会让你感觉良好,把压力拒之门外。通过锻炼,你的身体会释放出一种叫作内啡肽的荷尔蒙,这种荷尔蒙可以让你感觉良好。此外,当你集中精力做一件事的时候,你的关注点就会从棘手的难题和焦虑情绪上移开。最后,你会变得开心起来,没那么焦虑了。过去,运动是我们生活不可分割的一部分,很多职业都跟运动有关。而在现代社会,很多工作都需要长时间坐在椅子上。如果你从事的工作也需要长时间坐着,那就需要定期运动,特别是年龄大了以后,你的骨骼和肌肉需要定期的活动来保持良好的运转。

你给电池充电了吗?睡眠和休息对精力的恢复至关重要。成年人每晚需要七到八个半小时的连续睡眠,以确保良好的睡眠质

---

[1] 拇指法则,中文又译为"大拇指规则",是一种可用于许多情况的简单的、经验性的、探索性的但又不是很准确的原则。——译者注

量，醒来后才会感觉精力充沛。缺乏睡眠会让我们暴躁易怒，情绪失控，严重的甚至还会引起焦虑和抑郁，影响我们的大脑功能。如果你有睡眠问题，良好的放松程序有助于你入睡。睡前你可以洗个热水澡，听听令人放松的音乐或者做几次深呼吸，也就是要忘记白天的事，告诉自己的身体和意识该睡觉了。我喜欢在睡前看一些励志类的文章，这有助于我自然入睡，第二天醒来保持积极乐观的状态。如果你认为入睡前的想法会滞留在你脑海里整整四个小时，那就把它变成励志的念头。

如果你需要培养更多的好习惯，约翰·惠特曼（John Whiteman）所著的《九天找回幸福感》（9 Days to Feel Fantastic）可供你参考。约翰的办法虽然很简单，但可以有效地鼓励你每天培养一个好习惯，让你改变自己的日常生活习惯。

|照顾好你的情绪|

情绪和身体之间有着不可分割的联系，我们之前讨论过的一些领域也会影响你的心理感受。举例来说，运动有益于控制抑郁和情绪低落（那种让你感觉良好的荷尔蒙），营养则可以给你的大脑补充动力，而睡眠则会影响你的注意力。在本课中，我们将探讨有哪些方法可以让你保持积极的心态。

好好照料自己的情绪。不断接触负面信息和带有消极情绪的人对你没什么好处。当然，如果你保持健康的心态，消极负面的东西造成的影响就比较小，但如果你根本不想尝试，我可以告诉你，长期接触负面消息、愤怒的情绪和反对意见迟早会让你崩溃。那干嘛要冒这个险？尽量获得大家的支持，尽可能地避免接触到负面的东西。詹姆斯·福勒（James Fowler）和尼古拉斯·克里斯塔基斯（Nicholas Christakis）经过20年的研究发现，人们的幸福感会受到社交圈当中他人幸福感的影响。此外还有研究显示，情绪是具有传染性的，如果你在大学里跟一个消沉的人同处一间寝室的话，天长日久，你也会变得情绪低落。

学会放松心情，为创造力营造空间。 如果你心神不宁，不但会精神疲倦，还会阻碍新信息的接收。爱因斯坦曾说过，精神错乱的定义就是一遍又一遍地重复做一件事，却期待获得不同的结果。如果你心神不定，就没有空间去接收新的思想，也无法从不同的角度去考虑问题。假设你在为第二天的演讲担心，即便你很想好好准备一下，可由于你一直处于焦虑不安的情绪当中，你的心绪似乎陷入了一种无休止的团团转当中，无助的情绪会让你无法静下心来去寻找应对挑战的方法。处理这种情况的关键就是让心绪不再团团转，让情绪放松下来，但是压力很大的情况下如何才能放松下来呢？作为权宜之计，你可能马上会去尝试各种放松法，比如深呼吸法（见下面的例子）。不过，作为长期之计，冥想很值得一试。

冥想可以帮助你把注意力集中在此时此刻的问题上。其中的道理是这样的：你无法改变过去，也无法控制将来，所以，思考过去或未来都会产生压力。过度回顾过去会产生憎恶感、罪恶感和羞耻感，而过度关注未来会带来焦虑和烦恼。冥想教你学会如何控制自己的情感和思维，将它们集中在当前时刻。掌握冥想法之后，你就可以在思维滑入无助的思维模式之前及时刹车，从而阻止压力飙升（一旦压力开始超负荷运转，就不像刚开始那么容易驾驭了）。

冥想尽管通常都跟东方哲学和宗教密不可分，但在西方也越来越流行，人们把它当作减压、抗焦虑的办法，用以提高注意力，甚至增强免疫力。它现在是一种精神放松法，一种集中注意力的好办法，帮助你把注意力集中在你能够施加影响的地方，而不是无法改变的事物上。有很多课程和书籍都是介绍冥想法的，但是，如果你想找不那么炫、更朴素实用、更有趣的冥想法，请登录 www.getsomeheadspace.com。

简单的呼吸法练习

尝试用下面的方法放松心情。找一个清净的地方，坐下来靠在椅背上，双脚平放在地板上（不要躺下，否则你可能会睡着）闭上双眼，把注意力放在呼吸上：吸气、呼气、吸气、呼气。你可以小声念出来"吸气"、"呼气"、"吸气"、"呼气"。

第 10 课
为梦想照顾好自己

> 每次有什么想法进入你的大脑都不要纠缠太久,继续把注意力放在呼吸上,吸气、呼气、吸气、呼气。连续做 10 分钟。不要抬眼看时间,如有需要,可以在旁边放一个计时器。在早晚做愿景想象训练之前先进行呼吸训练,以放松精神,清除杂念。此外,在遇到让你束手无策或备感压力或愤怒不满的情况时,也可以用呼吸法平复情绪。只要安静地坐下来闭上双眼深呼吸就可以。

我发现只要把注意力集中在呼吸上超过 5 分钟就会睡着。我曾尝试自己一个人练习,也尝试过跟别人一起练习(那真是非常尴尬),也试过一边播放 CD 一边练习。可是不管我在什么地方、什么时间段练习呼吸法,只要没有声音,我就会睡着。后来,我发现如果一边播放舒缓的音乐一边练习就不会睡着。如果你也跟我一样,那就试试播放韦恩·戴尔(Wayne Dyer)和詹姆斯·F·特怀曼(James F. Twyman)的 CD《冥想乐——实现的愿望》(*I Am Wishes Fulfilled Meditation*),这种音乐有助于你达到深度放松的效果,总之听音乐可以让我保持清醒。

|保持感恩和积极的心态|

心情平静、身体健康会让你对自己的生活和愿望感觉良好。

在继续往下走之前，我想教给你两个简单但效果非常好的办法，到目前为止，我们还没有涉及这两个办法：写一本感恩日记；通过励志格言保持乐观的心态。

你有没有对人生中美好的事物表示过感激？美国加利福尼亚大学戴维斯分校的罗伯特·埃蒙斯（Robert Emmons）和他的同事曾做过一项研究，他们让第一组被试写两个月的感恩周记，每周都要记录 5 件简单的事情，例如，有人善待自己，一个温暖的夏日以及学到了新的知识等；让第二组被试在周记里记录生活中遇到的不如意之事；第三组被试只记述生活中平淡的琐事。两个月结束后，感恩周记组明显产生了积极效果，他们感觉生活变得更加美好了，对未来也更加乐观了，而且健康问题相对较少，睡眠质量相对较好。此外，调查者们还发现，感恩周记组在实现个人奋斗目标上更容易取得成就（这点对我们至关重要）。后来的调查研究显示，把周记换作日记效果更好。

说到乐观主义，积极心理学的创始人之一马丁·赛利格曼（Martin Seligman）发现，乐观主义者更容易实现他们的人生追求，因为他们倾向于坚持不懈，而悲观主义者更容易放弃。通过研究，赛利格曼发现，乐观主义者把失败归因于外部因素，他们通常都可以改变这种状况。举个例子，假如乐观主义者的货物没能销售出去，他们就会归因于客户的态度。他们可能会告诉自己："客户心情不好。"或者"客户不需要我的产品。"也就是说，他们觉得只要碰到合适的客户就一定能销售出去。悲观主义者则不这么认为,他们把自己或者其他无法改变的东西看作失败的原因,会对自己说:"我没卖出去是因为我自己不好。"或者"没有人想跟我买东西。"如果你认为自己的性格有缺陷,那你就很难坚持下去。有趣的是,在上面的例子中,乐观主义者和悲观主义者之间最主要的差别不是技术或经验,而是来自他们脑海中的低语声。

你可以通过积极肯定的格言来增强乐观精神。积极肯定的格言是一个简短的断言,你可以告诉自己一些积极的话以削弱消极感受,比如"我喜欢去健身馆"、"我擅长销售"或者"我发现人们需要我的产品"。你相不相信自己的断言都没关系,重要的是只要你不断重复它,它就会影响你的潜意识。反过来想一想,如果你告诉自己,你不喜欢去健身馆或者你做销售很烂,会有帮助吗?

我发现,有效利用这些技巧的好办法就是把它变成自己的习惯。我把自己关于实现目标的格言贴在浴室镜子旁边的墙壁上,贴在电脑后面,每次只要经过这些地方都会看到。我还把它们存在手机的记事簿里,旅行的时候就可以翻翻看(在我需要额外动力时,这特别有用,比如说,当我要去参加一场挑战性很大的会议时)。每晚上床前,我都会完成一套平复情绪的练习。写日记和想象愿景不仅可以激励积极思维,还有助于你入眠,正如我之前说的那样。当然了,有时候我上床前会忘记自己的格言,忘了平复情绪。把它们写下来是

个不错的办法，因为第二天它们会提醒我该怎么做。

|关注你周边的环境|

你的生活环境对你有帮助吗？当你环视自己的周围时是否感觉良好？我说的环境不仅指你的家庭环境，还指你生活的地方。如果你的家迫切需要重新装修，或者你住的地方让你缺乏安全感，你多半都会感觉紧张压抑、焦虑不安。显然，这种情绪会影响你的精神。

你可能没做好搬家或装修的准备，但这会成为你的愿景。如果是这样，我需要你意识到你的环境会对你产生什么样的影响，然后开动脑筋，先想办法改善一下环境，直到你找到长久之计为止。或许你现在可以先稍微装修一下？或许在拥有足够的资金重新装修之前，先给房间刷上更亮的颜色？或许你可以时常换换环境，乘坐列车到城市的另一头，找一个环境优美的公园或自然区？或许你可以在不上班的时候到别的地方去旅行？其实这些做法有的花不了太多钱，却对身心大有裨益。换换环境还会打破旧习，有助于你发现新的可能性。

为自己的梦想留出空间，把那些不需要的和不想要的东西清理出去。有一种说法是，如果你的房子和生活安排得太满，就没有空间接收新鲜事物。不要去碰运气，老老实实去做。这是让你清理垃圾的信号！打开你的大衣柜和碗橱，把过期食品丢掉，把一整年都没碰过的衣服捐出去。清理你堆满了废旧纸张的书柜。收拾你的阁楼、车库和其他堆放杂物的地方。我敢说你收拾完之后肯定会获得良好的感觉,而且还额外做了一些运动呢。

|关注你的资源|

我们在制订计划的那一课中曾经说过要保护你的资源,也曾经探讨过风险评估和预留资源以备不时之需的重要性,当时我采用的案例是关于留出足够的资金修整房子。现在我们还有几个问题需要进一步探讨,即如何确保你的资源得到了最充分的利用,是否需要预留资源以备不时之需。

为了实现目标,通常都需要耗费时间或资金,或者两者都需要。你可能需要时间来完成计划表上的任务,需要资金来开展活动。时间和资金都是有限资源,所以你要确保对时间和资金的需求不会给你带来压力和畏惧感。为此,必须确保你处于强势地位——有多余的时间和资金的状态。

还记得维奇吧。我知道她的关键问题是没有制订书面计划,不过她还面临着一个挑战——作为三个孩子的妈妈,她的时间很十分有限。还好她每周四上午有空。如果她一点儿时间都抽不出来会出现什么情景?多半她会因为自己的梦想所带来的压力而产生焦虑情绪,甚至产生畏惧感,这会严重影响她进取的能力。

保证资金的充足

你在资金方面怎么样？即便你在追求梦想时不需要任何资金，我还是要建议你关注这方面问题，因为这个问题会影响你的幸福感。《金钱的吸引力法则》（*Money Magnet Mindset*）一书的作者玛丽-克莱尔·卡莱尔（Marie-Claire Carlyle）认为，我们的心态影响着我们一生中吸引金钱的能力。按照玛丽-克莱尔的说法，这归根结底就是我们认为自己该挣多少钱的问题。

你的现状如何？你挣的钱跟你花的钱相比如何？你是挣多少花多少，还是每个月都会存钱？还是花的比挣的还多？请如实回答。如果你的梦想需要投入资金，首先你要确保自己的财务处于平稳状态，然后，也只有这个时候，你才能考虑如何为梦想投资。如果你确实面临资金问题，我建议你好好看一看玛丽-克莱尔的书，那本书就这个问题进行了深入的研究。

你所需具备的是一种对金钱的健康心态，而不是因它而产生压力。

保证时间的充足

那时间呢？你在这方面怎么样？我们大多数人都过着忙忙碌碌的生活，时间都不够用。要平衡家庭、工作和友情之间的关系，还要找时间运动,再腾出时间实施计划恐怕很难。你有足够的时间推进你的计划吗?如果你时间不够,可以审视一下自己正在做的事,看哪件可以停下来(比如观看某个电视节目),把时间用于计划的实施。如果你有钱,可以雇人来帮你做家务或照料花园吗?如果你没有钱,跟你一起生活的人可以伸把手吗?如果你有孩子,让他们帮忙做家务不但可以帮上你的忙,还可以锻炼他们日后的生活能力。

如果你有时间却发现很难把时间花在计划的实施上,或许应该把用于实施计划的时间固定下来。在你的日程表里安排好时间段,跟需要会面的人约定时间,把自己锁在房间里,或者到外面去工作,比如当地的咖啡馆。如果你的问题是容易分心,请参照第16课,我们将在第16课中详细讲解如何处理这种情况。

本课的目的就是全面论述各个方面,让你发现哪些方面可能需要改进,教给你一些办法,给你一些资源,帮你做出改变。希望你现在对自己即将做出的改变已经有所认识。

让我们来看看如何从实际操作角度使用这些建议。拿出准备好的工具,完成下列训练。

寻求幸福感

正如我之前说过的,你不必一次性把下面的训练全部完成,第一次只要挑出最需要关注的领域去做就好。记住要用你的直觉来做。

身体方面

1. 保证每周至少运动 30 分钟。如果你不喜欢去健身馆,采用别的方式也可以,如绕着小区快走、参加舞蹈班、练瑜伽或空手道。
2. 在食用或饮用食物之前先问问自己:"这东西对我的身体有好处吗?"
3. 在你的计划当中安排一些时间去运动,如果你需要掌握营养学知识或给自己制定一个菜单,就把这些项目写进你的计划表里。

意识方面

1. 每天找时间安静地坐一坐,放松一下。把这项计划写进日程表中,并将这项训练写进日志。
2. 判断都需要做些什么,在你的意识当中搜寻正面力量,并将这项训练写进日志。
3. 想明白有哪些压力是需要释放的。为每项需要释放压力的事项创建一个列表，不断重复"我把某某负担丢进了风里，我获得了自由"这句话。用你的任务取代某某事项。还有一个释放压力的办法，就是拿一支笔，思考都有哪些东西需要释放，凡是出现在你脑海的，就写在纸上，直到再也想不起任何需要释放的东西为止。这个办法在你愤怒的时候特别管用。写完后把那张纸烧掉，或者用碎纸机碎掉，或者撕掉。有很多书都是关于压力释放的，如果这本书当中的建议不够专业，敬请谅解。如果你过去曾遭遇过十分严重的打击，那可能需要去接受心理治疗或咨询。

环境方面

1. 环顾你的环境。哪些因素是支持你的？哪些因素是阻挠你的？你能分辨出哪些因素会阻挠你吗？如果不能，目前能做些什么？把你打算采取的行动写进你的计划里。

2. 清理垃圾！

保持积极心态方面

开始写日志，记录自己每天的感受。每夜都动笔写一写你在抑制负面思维和别人的唠叨方面做得怎么样，你发现了什么，学到了什么。日记的最后要写三件让你心存感激的事，可以是非常简单的东西，比如今天阳光明媚。

资源方面

1. 开动脑筋看看有哪些资源可供利用，把你打算采取的行动写进你的计划里。
2. 把建立储备资源的行动写进计划，这样你做出决定的时候就处于强势地位，而不是处于恐惧之中。

开始行动

1. 取出你的计划表，根据在前面的步骤中所列出的进程，回顾一下有哪些任务取得了进展。如果有些任务已经完成，就把它们的状态改为"已完成"。如果有些任务滞后了，预测一下可能会造成什么影响，判断一下需要做些什么，随后调整你的计划。
2. 判断你接下来要完成的任务，并在本周内留出时间去实施。在日记中要确定好时间。
3. 每天早晨和/或晚上留出一段时间，静静地坐在那里想象一下你的目标实现后的情形（见第3课当中的练习）。
4. 在你的时间安排当中留出一些时间来照顾自己。

第 11 课
为梦想竭尽全力

如果做事不竭尽全力,那为什么还要去做呢?

乔·纳马斯(Joe Namath)

在前面的课程中已有一些方法可以帮助你提升幸福感,现在就让我们再看一下在完成计划时可能遇到的挑战吧。可还记得我们之前所说的吗?从自我感觉良好的地方开始,能够更加有效地应对挑战。

人们通常会遇到两种类型的挑战,即来自自我的与来自周围环境和他人的挑战。这两种挑战都需要在刚刚露出苗头时及时制止。一旦忽视了它们,它们会在日后卷土重来,找你的麻烦。一定会的!

| 来自自我的挑战 |

所有人都会遇到自我挑战,比如不自信、畏惧、个性弱点,等等。遇到的这些挑战通常会成为现实。你如果已经对自己的弱点有所了解,那么就会对自己所要面对的挑战有足够的准备,或者已经学会如何将这些弱点转化成积极的个人行为。正如我是个缺乏耐心的人一样,在排队买东西的时候,每当事情不能在第一时间处理好的时候,我的这个弱点对我来说就是一个挑战。但是在什么事情需要推动的时候,我的这个弱点反而变成了一种强大的力量。所以,在碰到困难时,我尽量用我的"不耐烦"激励自己去采取行动。也许我仍然会产生挫败感,但就因为我了解这个模式,所以我就更有可能去做些实际的事情,而不仅仅是坐困愁城。

可惜的是,我们并不了解自己的弱点,而且会因此给我们周围的人以及自己的生活带来影响。这是因为我们的很多特质已被深深地埋藏在我们的潜意识之中了。当我们对自己的某种个性感觉糟糕时,就会产生焦虑感,我们就会刻意地把这个弱点隐藏起来,好让自己受人喜爱,被人接受。渐渐地,我们就习惯了把这样的弱点抛之脑后,与自己的天性作斗争。这种被掩藏的个性变得越来越压抑,比如我们在孩童时代又吵又闹,会受到父母的斥责;长大进入职场后,我们又需要收敛某些情感和心绪。我们学会了隐藏自己的个性,在办公场所想方设法地表现出自己冷静理智的一面。无论我们的生活经历如何不同,我们都曾经被人告知不要去做那些对自己不利的事情。如果这种体验足够强烈，而且被不断重复，就会导致我们产生自卑、畏惧感和不自信的心态。

你必须明白，产生自卑并不需要经历多么巨大的痛苦折磨。在一个认为必须努力工作以贴补家用的家庭里长大，就足以让人产生这些自卑感了。

|自我挑战的可能会是一些坏习惯|

自我挑战可能是成长过程中沾染上的一些坏习惯。比如父母容易焦虑，你也会受到影响，无论你是否天生就具有焦虑的个性。在这种情况下，并没有人故意让你对自己产生不良的感觉，而是自己学会了根据周围人的行为来约束自己。这些行为有时候是有用的，有时候是有害的。例如，你"学会"了焦虑，"学会"了吹毛求疵，"学会"了害怕改变。你最好一定要知道对此有所了解，一旦这些因素阻碍了你前进的脚步，你就可以采取相应的措施加以克服。

本书中所说的自我挑战属于只要意识到就有可能加以改变或减轻的挑战。不过，要改变那些根深蒂固的思维和行为模式会比较难，因此如果你需要额外资源来应对诸如此类的挑战，请不必犹豫。

第 11 课
为梦想竭尽全力

|来自外部环境的挑战|

周围的人和环境也可能成为挑战的根源。或许你为自己婚礼预定的场地在婚礼前一个月泡汤了；或许让你特别中意的私人教练在你的健身项目进行到一半的时候辞职了；或许你最好的朋友下意识地阻碍你实现自己的目标了。正如我们在"计划"一课中所说的那样，不管你准备得多么充分，不管你多少次询问自己如果出现意外该怎么办，你也无法预知所有的困难。那你应该怎么做呢？与前面所提到的自我挑战一样，你需要学会快速地意识到事情发生的根源，并马上着手解决。

|你的梦想挑战日志|

在本课中，我们要开始把可能遇到的挑战（风险）以及当前遭遇的挑战（问题）列出清单来。其实无论是哪种挑战都没有关系，你只要列出自己所能想到的就可以，无论是可能会发生的还是已经遭遇的都没关系。

把这些挑战在日志中列出来。正如本书中对其他问题的处理一样，关键是要把你发现的问题写下来：第一，你可以得到一份详细的清单；第二，你可以进一步采取措施预防事情的发生，或

对着手解决正在发生的事情。正如我之前所说的那样,置问题于不顾就会埋下隐患,这也是失败的关键要素。如果你发现了一个挑战,就一定要马上采取措施去应对它。

现在让我们考虑一下将会遇到的风险,以及你现在遇到的问题。取出你准备的工具,完成下面的训练。

创建一个挑战日志

1. 从网上下载一个挑战日志模板或自己创建一个。在本训练的下方有一张表格,可以作为参照模板。
2. 在明确目标或者制订计划的时候,你的脑海中可能会出现一些挑战。如果已经做了笔记就把它拿出来,否则的话,就花点儿时间开动脑筋,问问什么样的事情会让自己止步不前。在这个步骤多花点儿时间,列出一份详细的清单,越详尽越好。
3. 在挑战日志中写下你发现的问题。
4. 在可能遇到的挑战(风险)下面写上你能想到的预防办法。

第 11 课
为梦想竭尽全力

5. 在已经遭遇到的每一项挑战（问题）下面写下你的应对措施。
6. 在计划表中增加一些任务，确保你对挑战的应对方法有备无患。

下面的表格告诉你如何完成挑战日志模板中的每一栏。要参照已经完成的挑战日志，可以在网站上浏览示例表。

编号	挑战编号，给每一项挑战编一个不同的序号
描述	描述一下已经出现过的或者可能出现的挑战
有什么影响	这项挑战产生或者将会产生什么样的影响？
我要怎么做	为了解决或者预防这个挑战，你需要做些什么
问题有多严重	尽可能地描述一下问题的严重程度
状态（解决或未解决）	你的问题还存在吗？很有可能会成为问题，还是已经得到了解决？

开始行动

1. 取出你的计划表，根据在前面的步骤中所列出的进程，回顾一下有哪些任务取得了进展。如果有些任务已经完成，就把它们的状态改为"已完成"。如果有些任务遗漏了，预测一下可能会造成什么影响，判断一下需要做些什么，随后调整你的计划。
2. 判断你接下来要完成的任务，并在本周留出时间去实施。

在日志中确定好时间。

3. 每天早晨和/或晚上留出一段时间,静静地坐在那里想象一下你的目标实现后的情形(见第3课当中的练习)。

4. 在你的时间安排当中留出时间来照顾自己。

第 12 课
为梦想坚持信念

> 信念可以创造奇迹也可以毁灭世界。人类具有无与伦比的能力,可以从生活中获取经验,发现生活的意义。人类既可以让生活变得一无是处,也可以拯救生活。
>
> 托尼·罗宾斯

在第11课中，我们简单地讨论了挑战既可以帮助人们实现目标，又可以成为阻碍人们追求人生梦想的因素。而在这一课当中，我们将探讨成见问题，成见会阻碍人们发挥潜能，实现梦想。如果你已经摆脱了不信任的心理状态，产生了某些积极的信念，把它们记录下来，我将在本课的结尾处教你怎样填写"机遇日志"，从而让你学会克服自己的不信任，充分运用"扩展"信念。

|信念从何而来|

信念来自生活经历，其构成包括人们对生活的观察和经历过的事情。例如，在不安定环境里成长的孩子长大后会难以相信其他人，他们倾向于认为人们都想找他的碴儿，从而很难建立起对他人的信任感。而在安定环境中长大的孩子，则会觉得周围的每个人都是乐于助人的，从而当他们离开自己的家庭走向外面的世界时，更愿意选择从信任他人开始。当然，我不是说每个人都是值得信任的，我想要表达的是，除非你有强烈的感觉或充分的理由不去信任别人，天性中倾向于信任别人的人往往都会得到人们的善待。这往往也会为他们带来良好的体验。

|信念的影响力|

信念对我们的生活具有重大影响。它既可以帮助我们扩大目标，还能够塑造我们的生活经验。如果你真的怀有不信任的心态，你的行为方式也会向这个方向发展。遇到陌生人的时候，如果你小心谨慎，内向畏缩，这样会导致你身边的人也变得小心谨慎，甚至紧张不安。即使他们一开始并没有打算找你的碴儿，也有可能不会向你敞开心扉，碰到事情时也不愿意向你伸出援手。因此，你的态度和信念会导致人们按照你的预期做出反应。相反，如果你认为人们总是乐于帮助别人，你向别人敞开心扉，信任别人，你就会发现大多数人也会以坦率、慷慨、乐于助人的态度来对待你。思考一下：你是愿意帮助一个消极退缩的人，还是愿意帮助一个坦率、彼此相信的人呢？

你能做些什么来改变信念

意识到自己的信念是考虑应对策略的第一步。一旦你弄明白自己的信念是支持还是阻碍你的选择,就可以采取行动了。你应该学会分清你的信念及其造成的影响。正如我们前面所说的,意识到这一点也很重要,你的信念不仅会支持或阻碍你实现自我目标,还会塑造你的切身体验。因此,你应当转变自己不信任的心态,充满信心地去掌控自己的生活。

尽管你的信念对你来说似乎是完全真实的,但要知道那只是你的想法而已,而想法是随时会被被质疑或改变的。

下面我们举个例子来说明:你认为自己不够优秀,不足以得到晋升。当被别人问及你的抱负时,你总是吞吞吐吐说不清楚,渐渐地,你的老板也认同了你的想法,你也就真的没有得到提拔。而你的同事虽然不比你能干,但他认为自己应当得到提拔,所以当他被问及自己的抱负时,都会以积极的态度谈论他们要实现的目标。他们十分自信地说出自己的要求,而老板也逐渐相信了他们。可见,这个问题与能力无关,而与信念有关。你觉得你不够资格升职,你甚至拿升职来自嘲,来开玩笑,你周围的人渐渐也认同了你的想法,他们会用你的眼光来看你。而你的同事却相信自己应该升职,从而影响了周围的人,让别人也跟他有同样的想法。

这就是你把自己的关注点放在哪里的问题。如果你心里总想着自己不行,那你在生活中就只会关注到那些狭隘的信念,而且这种情况会越演越烈。如果你关注的是那些更为宽广的信念,就会产生不一样的结果。正如电池的磁极一样,你会被与自己有着相同信念的人吸引。改变你的想法,改变你的信念,让我们看一下会发生什么样的奇迹吧。

|扫清追梦道路上的成见|

假如你不知道自己的成见是什么又该怎么办呢?遇到挑战时,你之所以不急于去应对,是因为成见是下意识的。

假设你的愿望是升职。你为自己制订了一个计划。你的计划包括探讨发展机会、明确发展目标、集中精力做好工作。一开始你干得很好,但一个月之后,你的干劲小了,开始有些泄气甚至沮丧。你并不清楚为什么,于是在某个夜晚,你回到家决定列张单子,写出你的感受。刚开始写的时候你非常生气,写下的都是诸如此类的问题:为什么这么难呢?为什么其他人都得到了提升而我却不能?为什么我就得不到一次机会呢?你写了很多类似的话,然后有趣的事情发生了,你的沮丧好像消失得无影无踪了,你开始用积极的方式思考你的问题了：老板告诉你，你昨天的报告做得非常好；人力资源部那位女士上周还来问你是否愿意参加一个管理培训班。一切并不都是那么糟糕。那你为什么要丧气呢？你突然意识到自己从心底并没有认为自己应当被提拔。因为你觉得自己还有些地方不够好，你担心自己如果接到更艰巨的任务会做不好。你内心的成见是"我还不够好"。你意识到这种成见会导致自己畏惧进步，所以你并没有真的去抓住机会。你还没有给人力资源部回话说你十分乐意去参加那个培训班呢！你意识到自己的沮丧源自你希望得到提升的渴望，却没有真正采取行动。你决定改变成见，增强自信。

列清单的方式对你来说很有用，于是你决定对自己的成见问题进行深入分析。第二天，你邀请最好的朋友们来吃晚餐。他们从小就认识你，你知道他们十分关心你。你把自己遇到的挑战告诉了他们，希望他们能帮你分析到底是怎么回事。他们刚一开始有些不好意思明说，于是你告诉他们无论他们说什么，你都不会生气，此后他们便开始畅所欲言告诉你，在你成长期间，他们不记得你的父母曾经鼓励过你。你恍然大悟，你的父亲确实对你没有继承他的事业而耿耿于怀，对你自己选择的事业他一直不看好。这是否就是你不自信的来源呢？朋友们还说他们注意到你经常会在谈话中有意或无意地说你觉得自己永远不会得到提升。这不是什么大事，但你确实对自己的评价不太好。也许你的同事们对你的这些言论早已渐渐习惯了。噢,这可不太好!你决定把人们对你的工作、你的能力以及获得晋升的正面评论写下来,以此增强自己的信心。现在你觉得自己开始真正明白到底是什么阻碍了你的晋升了。你决定再多做一件事。你曾经在一本关于个人发展的书中读到过,通常别人之所以能够触动你是因为他们触发了你内心深处存在的问题。你决定把你不喜欢的同事的名字写下来,把所有能够想到的事情都写下来,结果你发现这些同事都具有高度的自信心,而你在他们身边会觉得胆怯,也感到一丝嫉妒。这再次打击了你的自信,让你觉得自己"不够优秀"。你不喜欢这些同事的真正原因是在内心深处你渴望自己也能够变得自信。你必须改变自己的成见!

在"让梦想起航"的专栏中,我们会用到上面这个例子中使用的一些技巧。如果你希望深入研究,我建议你去找一些励志的书来看,或者干脆雇一位生活教练,教练也许可以为你提供找出成见和克服成见的好办法。

找出自己的成见后,就要定期对其进行质疑,并收集生活中的实例,证明这一切并不是在所有的情况下都是真的,还要把这些证据写出来。重点关注那些打击你信心的经历。如果你觉得自己不够优秀,就列出一些你做得很好的事。拿上面的例子来说，你可以把获得老板奖赏的次数、获得的好评次数以及处理得特别好的棘手难题都列出来。挑战成见的方法是一种用来帮助人们克服压抑和焦虑感的方法，所以，它可以成为一种强有力的工具。

还有一种很棒的方法，那就是以"假如自己没有那些成见"的心态来行事，并以此来检验它的可信度。这种方法可以帮助你吸引那些与你自己的成见相冲突的情况。假如你觉得其他人存心为难你，就用一种坦率和信任的态度行事，看看到底会发生什么情况。即便你"不相信"自己所做的也不用担心，不妨让自己感觉似乎每个人都乐于伸出援手，以这种心态来行事。

用励志格言来改变你的想法。不断对自己重复某些想法，特别是与之前的建议结合起来，就可以影响你的潜意识。不断告诉自己，这个世界到处都是愿意为他人提供帮助的人，你就会开始注意身边那些乐于助人的人，并由此建立起积极的良性循环，产生新的信念。为了让这种信念继续下去，你每天早上都要告诉自己，今天一定会遇到愿意提供帮助的人，特别是在你感觉信心不足的时候。为了强化你的这种信念，想象一下，如果那些"就好像"都是真的，那你会产生什么样的感觉。再重复一遍：也许你会感觉自己像是有点自欺欺人，没关系，只管去照章行事就好了。

第12课
为梦想坚持信念

|关于积极的信念|

刚才我们主要探讨的是阻碍你前进的成见。或许你对自己还是持有一些积极的信念的,你可以利用这些信念来帮助你提高积极性,增强信心。假设你完全相信自己所追求的目标一定会实现,即使有时候会受挫,积极性受到打击,但在内心深处,你坚信结果一定会无比精彩。不要对此有所怀疑。这是个伟大的信念,我们要好好地加以利用。在这个练习中,我们还要把积极的信念写下来,看看如何充分利用。

把你的工具拿出来,开始做训练。

找出埋在自己内心深处的成见

1. 说出你渴望的积极的东西,就好像你正在激活它们一样。用形象化训练法,看看你的潜意识里被禁锢住的东西是什么。要特别注意观察自己身体的感觉。
2. 注意所有出现在你脑海里的问题,从而发现受限的信念。

3. 采用一些其他方法,如咨询你的好朋友;关注你生活中遇到的挑战;分析什么样的人会触动你,等等。

4. 把你所有的成见都列出来,并把它们写进你的挑战日志里。如果挑战日志中已经有类似问题,就把它添加进去,如果没有,就另加一项。

5. 把每个成见都当作问题去解决,开动脑筋,努力打破这个成见给你带来的束缚。写下你所能想出的励志格言。

6. 开动脑筋,找出自己内心的积极信念,也就是那些能够为你提供支持的信念,然后把它们添加到你的机遇日志中去。想想你会如何利用它们来支持自己,鞭策自己奋勇前进。

开始行动

1. 取出你的计划表,根据在前面步骤所列出的进程,回顾一下有哪些任务取得了进展。如果有些任务已经完成,就把它们的状态改为"已完成"。如果有些任务遗漏了,估算一下可能会造成什么影响,判断一下需要做些什么,随后调整你的计划。

2. 决定你接下来要完成的任务,留出时间去实施。如果你还没有把这些应对挑战的行动写进计划表,那就回顾一下你的挑战日志,并围绕解决问题、降低风险制订行动计划。确保你增加了一些应对成见的行动计划。或许你可以把自己的励志格言写进卡片，并把它们贴在你的房间里。

3. 每天早晨和/或晚上留出一段时间，静静地坐在那里想象你的目标实现后的情形（见第3课当中的练习）。

4. 在你的时间安排当中留出时间来照顾自己。

第 13 课
从容应对追梦路上的畏惧感和阻力

> 每一次我们直面畏惧感的经历都让我们获得力量、勇气和信心……我们一定要做到认为自己做不到的事。
>
> 埃莉诺·罗斯福（Eleanor Roosevelt）

畏惧感会麻痹人的心灵。它是进步的敌人，会让人裹足不前。在前面的第 12 课当中，我们已经开始练习如何减少畏惧感。非常不错，但是，还有一些你尚未察觉的、根深蒂固的成见和畏惧感存在。在这一课中，我们将从另外一个角度来看待这些挑战。试着询问一下自己，你害怕的究竟是什么？不要担心你会将成见和畏惧感混淆不清。我们的目的就是发现自己的局限性所面临的挑战。把这些局限性和挑战称作什么并不重要，重要的是你能够意识到它们，以及看清它们是如何阻止你成就不一样的人生的。

| 正视畏惧感才能克服畏惧感 |

克服畏惧感意味着你能够完成自己害怕的事。这对如何发现

第13课
从容应对追梦路上的畏惧感和阻力

畏惧感并消解其影响是一条绝妙的途径。正如挑战成见一样,你最终需要做的是挑战畏惧感。当然,我们在这里谈论的可不是那些涉及生命安全的恐惧,而是那些让你在生活中裹足不前的畏惧感。例如,你获得一次在公众面前推广自己的新产品的机会,但却十分害怕在大庭广众之下站在台上演讲。此时,你有两种选择:一种是拒绝这个机会,窝在家里不去推广自己的产品;另一种则是接受这个机会。如果是前者,那就说明你让畏惧感麻痹了你,它阻止了你前进的脚步。但是,如果你接受了这次机会,你就要学会了如何克服自己的畏惧感。完全消除畏惧感是不太可能的,但是如果准备充分,通过一些看得见的练习,挑战原有的观念,提高自己在公众面前的信心,学会为获得机会而感到兴奋,将让你取得很大的进步,下次再有这样的机会时就不会这么害怕了,你在大众面前演讲的可能性也就越来越大。

二十多岁的时候,我非常害怕当众讲话,这是因为初中的时候,我被迫在全班面前背诵诗歌,从而对当众说话产生了畏惧感。当时我并没有受过什么训练,只是被告知要学会一首诗,并在同学面前背诵,这往往意味着无聊的表演,听众也会无精打采地打着哈欠。于是长大后,我变得十分讨厌任何形式的当众演讲。但在我三十多岁的时候,这个缺陷严重限制了我的职业发展。我为此寻求过帮助。在我获得一份大学讲师的工作之后,这个事情终于得到彻底解决了。记得第一节课有两个小时的内容,但当时由于太紧张，语速非常快，只用了一个小时就把全部要讲的内容讲完了。我只好宣布课间休息，跑到教室外面，暗暗问自己："如果是我最好的老师遇到这种情况，他会怎么办呢？"最终我决定让同学们就我刚才谈论的话题组织课堂讨论。这次经验让我明白：人即使犯了错误也可以将任务最终完成；我十分机智，足以应对突发事件。实际上那次的课堂讨论非常成功，同学们都积极踊跃地参与。之后我又做了三年多的讲师，其中也犯过不少错误，包括讲错了内容，在全班面前被学生当场纠正。我很喜欢这样的体验。是的，勇敢地跳进火坑，让自己置于死地而后生，就可能彻底克服畏惧感，同时获得大量的实践机会，取得进步，并得到个人提升。

|对陌生事物的畏惧感|

你要明白，所有人在遇到新生事物的时候都会感觉别扭甚至害怕。生活愿景会给你带来变化，同时也带来很多未知的事物，例如不一样的行为、不同的环境、陌生的人以及全新的方式等。在开始之前，你首先要学会先接受这样的事实——只有克服了这些别扭的感觉才能达成自己的目标。要树立信心，相信自己拥有实现梦想的能力，那些在生活中获得成功的人并非很"特别"，而只是比别人更有勇气，更能勇

第 13 课
从容应对追梦路上的畏惧感和阻力

往直前罢了。告诉自己，克服畏惧感的唯一办法就是勇敢面对。相信你在适应了新的事物之后就会感到舒服多了。你还要做好随时可能将事情搞砸的准备！其实，我的学生们之所以喜欢我，很大一部分原因是因为我会犯错，而犯错让我显得更近人情。

|提防自己的破坏倾向|

35 岁之前，我的爱情生活并不是一帆风顺的。我当时并没有意识到自己具有一种破坏建立亲密关系机会的倾向。我一直认为这是因为我的某些成见所致：我害怕亲密关系会束缚我的自由，阻止我追求人生梦想。此外，我没有看到过成功的亲密关系，这也是原因之一。我的父母感情不和，最后离婚了，因此现实生活中没有什么榜样可供我学习。这导致我产生了一种成见，即认为不可能有正常的、亲密的两性关系。我让这些成见和畏惧感占据了心灵，而不是试着去学习如何克服。因此，在爱情的道路上，我会不由自主地不断破坏每一段亲密关系，直到女儿仅有 18 个月大的时候，我的婚姻结束了。那一段时间真是令人绝望，但也成了我人生的一个转折点。它让我痛彻心扉地领悟到，我真的需要做些改变了。

破坏倾向是一种无意识的心理机制。被畏惧感麻痹意味着

你会裹足不前，而破坏倾向则更糟糕，它意味着你会通过损毁某些事物而让自己退后。还有个例子，那就是对成功的畏惧感。很多人意识不到其实他们是害怕成功的。比如，他们可能觉得成功会影响与朋友的关系，或者影响与家人的相处。

为了检验你是否害怕成功，不妨先思考一下你渴望的是什么。试着想象一下如果获得了成功，你的生活会变成什么样？会改变什么？这种改变会让你害怕吗？假设你想成为一名成功的演员。想象一下自己的目标，当你真的成了一位知名演员时，可能你会意识到自己的成功让一个努力了很多年却未能成名的伙伴黯然失色。于是，为了不让你的伙伴失望，你下意识地去破坏自己的努力，从而与成功失之交臂。如此一来，你们两个人就可以通过你的不成功来进行"维持关系"。这听起来很疯狂吧？是的。不过，这种事情真的会发生，而且经常发生。

ǀ满足自我需求和价值ǀ

畏惧感和破坏倾向既跟你的成见有关，也跟你的需求和价值观相关。正如我前面所说的那样，这几个问题密切相关，我们要做的不是把它们清晰地区分开来，而是去理解那些你所面对的挑战并进行应对。

让我们看一下第 2 课里所提到的价值观，请取出你的价值观

第13课
从容应对追梦路上的畏惧感和阻力

训练笔记,重温一下内容。正如我们之前讨论的那样,如果你珍惜与家人相处的时间,认为追求自己的成功会让你与家人疏离,那你极有可能会去破坏你成功的机会。其实,和你的"家庭时间"相冲突并不一定就意味着你不得不放弃你的目标,而意味着你应该重新考虑自己的愿景。如果你所追求的目标和旅游相关,或许你可以带上家人一起去?

除了价值观,我们还会有意识或无意识地努力去满足一些"需求",其中包括人的基本需求,如水、食物、住房,还有更为复杂的、与自我满足感相关的需求。

需求如果没有得到满足,你就很难发挥能动性,比如被爱的需求,受尊重的需求以及对安全的需求。无意识需求和没有被满足的需求可能会成为你行为的动力,反过来也会影响你实现目标的能力。例如,我在一个认为不努力工作就会挣不到钱、缺吃少穿的家庭里长大,这就意味着我十分擅长保持收支平衡,绝不会花掉自己挣下的所有钱,但这同时也意味着我在金钱方面有安全需求。实际上,我在很多方面都有安全需求(还记得我的父母关系不好吧),而不只是在金钱方面。麻烦的是,我从事的是自由职业,没人给我发工资,这就让我的安全需求受到了威胁。为此,我不得不持续工作以满足自己对安全的需求,而不是躺在现有的成就上睡大觉。或许这对自由职业者来说倒不是什么坏事。

我希望到现在为止,你已经开始了解自己的价值观、自己的需求、自己的成见、自己的畏惧感和破坏倾向,以及它们对你的生活和追求人生目标的能力所造成的影响。在下面的训练中,我将会帮你确定你的需求所在。

发掘自己的需求

1. 从下面的表格里选出十项需求。如果某个词句(尴尬,马上跳到一个词句,渴望,等等)恰巧符合你的需求,你在看到它的时候应该会受到触动。
2. 比较你所列出的十项需求,把它们缩减到四个。这就是你最强烈的需求(网站上有模板可供参考)。

需求清单

被接受(被认可、受欢迎、被尊重)	被需要(帮助别人提高、做有用的人、做重要的人)
成就(实现、认识、达成目标)	责任(做正确的事、获得任务、拥有事业)
被认同(有价值、被赞扬、被感激)	自由(不受束缚、自主、独立)
被爱(被珍惜、被喜爱、被重视)	诚实(忠诚、不撒谎、不隐瞒)

续前表

正确（恰当、坚定、被支持）	秩序（完善、对称、连贯）
被关心（被关注、被关心、被给予礼物）	和平（平静、平衡、一致）
确定感（明确、承诺、确定）	权利（权威、力量、影响）
感到舒适（奢侈、富有、财产）	被承认（被注意、有信誉、被认识）
沟通（被听到、被通知、有想法）	安全（有保障、保护、稳定）
控制（要求、遵从、修正别人的错误）	工作（表现、职责、执行）

现在你已经了解了自己的需求所在，那让我们继续看一下你的头脑中有什么畏惧，以及它们是如何与你的需求和价值观联系在一起的。

应对畏惧感和破坏倾向

1. 回顾一下你在挑战日志里所写的条目。现在想想看你究竟在害怕什么。如果问题跟日志中的条目相关，就扩展它的"定义"以及它给你带来的"影响"，并在日志里加上"我要怎么做？"一栏，如果有必要，我们就可以把对畏惧感的调查和解决分开进行。如果你发现了新的畏惧项，那就添加进去。

2. 现在你的日志里面应该已经列出了一些你所畏惧的事项。

对每一项畏惧的事，认真思考一下它们背后隐含的成见，并在描述栏里列出来。如有需要，你还可以把影响你需求和价值观的畏惧事项添加进去。

3. 如果对这项训练有任何不明白的地方，可以参见网站上已经完成的模板。

开始行动

1. 拿出你的计划表回顾一下你根据前面的步骤已经完成的任务。如果已经完成了一些任务，就把它们的状态改为已完成。如有遗漏就调整一下计划。对于遗漏事项，问问自己是不是在破坏自己的努力。

2. 决定你下一步将要完成的工作。留出时间来完成这些工作。将应对挑战的行动添加到计划表中。

3. 每天早晨和/或晚上留出一段时间，静静地坐在那里，想象一下你目标实现后的情形（见第 3 课当中的练习）。

第 14 课
增强你的自信力

> 自信力是我们取得重大成就的首要条件。
>
> 塞缪尔·约翰逊（Samuel Johnson）

在本课中，我们将从不同的观点来看待事情。我们的关注点不是如何应对挑战，而是如何提高自信心，让你在遇到困难的时候能够从自身寻找力量予以应对。这种力量的源泉来自你对自己的信心，对自己的满意程度，以及对自己能够克服困难的信任。

人类的发展向来都不是按照直线来发展的，因此，除了使用我们所说的这套方法外，还有很多其他途径也可以实现梦想。这就是为什么有些步骤看起来会比较啰唆，为什么有些办法确实奏效时，你会发现很难说清到底是哪些行为促成了改变。这也是我们可以有多种方法的原因。我发现这种看法大有裨益，因为它让我能够找出多种工具和观点，以便提高这些观点和工具与你的性格相匹配的概率。

但在本书一开始我就说过，一套指南并不足以改变自己。你不能说一句"我不害怕了"，就真的无所畏惧了。有时当你恍然大悟，说一句"啊哈，原来如此"时，你就真的不害怕了。但是，更多的时候，你只有意识到它、积极面对它、改变某个成见或者满足某种需求，才能真正消除畏惧感。其实，采用什么技巧、做什么训练并不重要，重要的是结果，是你开始相信自己了，相信自己的愿景了，并且，你由此能够获得追求目标所必需的动力。

你可以用我们前面所提到的很多技巧来提高自信力。下面对它们进行了归纳总结（你不可能归纳它们的影响，但可以把技巧好好地总结一下）。

|照顾好自己|

照顾好自己的身体，关注自己的身体和精神健康。跟那些能用自己的快乐和激情感染你的人做朋友。尽量多接触那些能够让你保持心理状态平衡和乐观的信息。保护你的资源，建立储备金。把不需要的东西扔掉，减少自己的任务量，在生活中创造空间。寻找时间去接触大自然，与他人联络交往。找时间静静地坐下来，进行深呼吸放松。保证充足的睡眠。

付诸行动

不要空想，要行动起来。比如，如果你想找一个完美的伙伴，不仅要坚定信念，还得经常到那些对方可能出现的地方去寻找。宅在家里是不会找到伙伴的，要为自己多创造机会。如果你感到害怕，就要着手解决。去努力尝试，也许一次只做一点，也可能一口气搞定。要假装自己无所畏惧，想象一下自己如何十分自信地搞定自己所畏惧的事，然后付诸实施。把你要做的事告诉别人，寻求他们的帮助。这样当在你尝试的过程中感到害怕时，就会有人握紧你的双手。

着眼于当下

如果你想让自己感觉更棒，那就着眼于那些通过自己的努力所带来的改变吧。例如，应该去关注自己刚刚跑完了三十分钟的步，而不是懊悔刚吃下去的那块巧克力。要是感觉没什么有成效的事情，就返回本书前面的那些课程中，也许可以找到一些启示，然后重新开始。要记住，每一天都是一个新的开始，可以做不一样的事。我知道这很难，但是我们一定要忘记过去，转而专注于当下你能做到的事情和你今

天可以采取的行动。

日子要一天一天地过,你应该关注当天所发生的事,并对它们心怀感激。试着弄清自己的想法,不要用负面的思维去思考自己和自己的计划。如果你发现自己正在有意破坏自己的机会的话,就赶紧停下来,着眼自己正在做的事,并重新开始。

尽管重整旗鼓重新开始可能很难,但别无选择。如果有些方法不奏效,我们唯一能做的就是找到其他奏效的方法。如果不小心犯了错,就赶紧让事情过去,告诉自己下次要做得更好一些。要是觉得冥想法不错,就回头找找之前提到的那个"活在当下"的观念,因为这是我们唯一能改变的。过去的已经过去,而未来尚未到来。

|时刻提醒自己所取得的成功|

保持写感恩日志的习惯,记录生活中让你感动的事物。坚信这是通过自己努力获得的,并且希望获得更多。取出计划,看看哪些任务和行动是你已经成功完成的。如果有些事情行不通,不妨安静地坐下来,专注地呼吸,认真地思考问题出在哪儿。如果某些事情完全行不通,就去尝试其他的办法。把你获得的成果告诉他人,并与之分享,让他们在你想放弃的时候以此来鼓励你。

| 不断挑战自己的成见 |

不断寻找阻碍你前进的障碍。坚持尝试新的技巧，以便更好地了解自己。如果你发现了阻碍你的成见，就去寻找能够驳斥它们的证据。想象你没有任何成见，用"假如自己没有成见"的方式来行事。想象你是个演员，你的工作就是去表演"假如"，然后看看会发生什么奇迹。

| 满足自我需求 |

弄清自己的需求，并去尽力满足它们。仔细思考那些既能满足需求又能照顾自己的方法。例如，如果你想要被人认识，那就去参加一项竞技运动。建立储备金可以让你感到安全。慈善活动能满足自己被需要的需求。

| 憧憬梦想实现后的情景 |

你应该一遍又一遍地对自己说，每天都要去想象一下自己成功实现梦想时的情景，想象一下获得成功后的感受，并去感受一下自己将会看到的、尝到的、触摸到的东西。确保在想象时全心投入，而不只是以旁观者的角度去想象。看着镜中自己的眼睛，感受成功带来的力量，并利用这种力量去驱使自己前进。

| 自我激励 |

写下自我激励的格言，把它们贴在随处可见的地方——电脑上、浴室的镜子上、冰箱门上等。或者把它们贴在你"需要"看到的地方，比如与健康相关的就贴在厨房里。用这些格言来鼓励自己去完成计划。"我只吃健康食品"贴在厨房里可以激励你真的照做不误。我在自己的电脑背面贴了很多有关工作目标的励志格言；在浴室镜子上贴的是有关幸福和机遇的自我激励的格言。

我在写上面这些段落时，一件有趣的事发生了。我发现自己对生活的感觉越来越乐观，浑身都充满了一种积极的力量。我真心希望这对你也适用。

我们将寻找途径，满足你的需求，改变你的成见，从而让你对自己实现人生追求的能力充满自信。

增强自信心力

1. 看看列出的方法有哪些可以用来提高自信心，找出最需要做的事以及目前忽略的事。着眼于下个月主要要做的事。在你的计划表中注明这是你将要做的事，并作出明确的承诺。设定本月末或任意一个对你有效的阶段性日期，转而着眼于其他目标。我的目的是让你通过这种重复性的工作培养起良好的习惯。

2. 带个手镯或在手提包中放块水晶来提醒自己。用你的手镯或水晶来提醒自己目前的工作，比如，我戴手镯就是提醒自己每天都要有积极的心态。但我还是会产生消极的想法，只要看到手上佩戴的手镯，我就会鼓励自己停止消极的想法，换个角度考虑问题。是的，有一天我对手镯习以为常了，那就到了换个道具的时候了。

3. 不管是为了提高对完成计划任务的信心，还是想用上面的方法培养新的习惯，你都可以用自己喜欢的方式去做。正如我们前面所说的，我们看重的是结果。我们希望你更加坚定，更加自信。而如何达到这个目标则取决于你自己。

开始行动

1. 取出你的计划表,根据在前面的课程中所列出的进程,回顾一下有哪些任务取得了进展。如果有些任务已经完成,就把它们的状态改为"已完成"。如果有些任务遗漏了,那就调整一下你的计划。记住要问问自己为什么会遗漏。不要故意打击自己,但是一定要确保自己没有蓄意破坏自己的努力。
2. 判断你接下来要完成的任务,本周留出时间去实施。如果你还没有将任务添加到计划表里,就回顾一下你的挑战日志,将解决问题和减少风险的方法写进计划表中。
3. 确保在你的日志中留出实施计划的时间。
4. 坚定决心,在下个月培养起增强自信的习惯,或者确定定期进行某些活动来增强自信。
5. 每天早晨和/或晚上留出一段时间,静静地坐在那里,想象一下你的目标实现后的情形(见第3课当中的练习)。
6. 在你的时间安排当中留出时间来照顾自己。

第15课
肩负起追求梦想的责任

> 伟大的代价是责任。
>
> 温斯顿·丘吉尔

前面我所给出的一些例子证明你的思想和行为将会如何影响你周围的事情，以及为什么为你创造各种体验负责的人是你自己。如果你认同这些观点，那么你应该也认同对自己的想法和行为负责是实现追求梦想的关键。

那意外、周围的事、其他人的行为又会对你的追梦产生怎样的影响呢？的确，周围环境、周围发生的事和其他人都会影响到你的生活。尽管你无法直接去改变这些事情，但你却可以选择应对它们的方法。据我观察，你的应对方法还会影响他人的行为，因此你也可以间接地影响他人。另外，如果外部的事情确实能影响到你的愿景，你也可以选择尝试另一条不同的途径，采取不同的方法。当然，尽管这并不容易，但你确实可以进行选择。要么选择做一个牺牲者，要么就重整旗鼓，尝试不

第15课
肩负起追求梦想的责任

同的方法,这完全取决于你。

|对自己的想法负责|

不管你是否相信你就是那个打造自己生活的人,你都必须承认。如果你每天总是告诉自己,你永远都无法实现自己追求的目标,那你就永远也不会成功,处于这种思维方式下的你肯定实现不了自己的愿望。从今天开始,我希望你能够密切关注自己在想什么、在跟别人说些什么以及自己是怎么做的,从而对自己的思想和行为负起责任来。假如你谈起自己的愿景都不自信的话,那你觉得人们会相信它吗?显然不会。

假如你认为自己能行,就一定能行,假如你认为自己不行,那肯定不行!

亨利·福特

还记得那个升迁的例子吗?那个例子是关于"我不够优秀"成见的。这种成见不但影响了你的想法,而且你的想法还会在你跟人闲聊的时候表露出来,并对别人产生一种暗示。办公室的同事获得的这种暗示让他们最终形成一个观点:"这个人还没有为升职做好准备",或者"他并不怎么想升职"。

每个步骤中的"开始行动"小节中都鼓励你每天两次、每次花10分钟的时间把自己内心的愿望形象化。在有些课程中,我

们也探讨了自我肯定的作用。如果你还没有开始做形象化训练和自我肯定训练，那现在是时候了。来吧，试一试！形象化和自我肯定是改变你想法的有效途径！

|不要找借口|

哦，借口来了。"我是挺想，可是……"每当你用"可是"这个词的时候，一定要注意它所产生的后果。这个破坏你计划的"可是"小人可能就驻扎在你的内心深处。你真的必须苦苦等候孩子们长大，老板变得和蔼可亲，伴侣对你全力支持时才去行动吗？或者，其实这只是一种不用对自己负责任的借口，不用面对做出不同选择所带来的畏惧感？你的老板可能永远也不会改变。你真的要等待那些在你的生活中或许永远都不会发生的事吗？你真的要将自己的权利交到对你不友善的人手中吗？无论你多嫌麻烦，都可以去换份工作，换个老板，或者干脆从事自由职业，或者换个不同的方式去对待你的老板，看看他会不会有所改变。注意，你的能力不是建立在让别人改变他们行为的基础之上的，而这恰恰体现了你无法掌控目前的状况。

第15课
肩负起追求梦想的责任

|抱怨的习惯|

你时常抱怨吗？抱怨是对某事不负责任的标志。一旦你发现自己在抱怨，马上进行深入探索，如果你发现你的抱怨源自畏惧感或成见，那就回到前面相关的课程中，多做一些功课。如果没有发现畏惧感或成见，那就是你的自信心不足的问题了。也许有什么事情进行得不顺利，或者你正对自己感到不满意，并没有什么畏惧感或成见，只是事情不太顺利导致了你的消极情绪。"唉，我已经试尝试了10次了，还是不行。"是的，这确实让人感到沮丧，不过，让我们分析一下你是"如何"进行尝试的。你能试着用些别的办法吗？如果第11次恰恰奏效了呢？你真的努力了10次吗？其实，每当人们说"我尝试了很多次"，通常都意味着"我"、"尝试"和"很多"只不过是三个独立无关的词语而已。注意自己说"是的，可是……"的地方和抱怨的地方。你真的竭尽全力了？

试着接受这样的事实，人生不会每天都一帆风顺的。有时候我们会遇到挑战。要学会接受教训，鼓励自己继续前进。假如你尝试用新的方法对新产品进行销售却不奏效，那就不要想着自己失败了，而要想着你刚刚又学到新的东西了，那就是这个方法不怎么管用。回头想想乐观主义者和悲观主义者的区别，想他们

是如何看待失败的。如果你正为销售方式苦恼不已，怎么尝试都没什么效果的话，那就去参加个培训班，或者问问别人的反馈意见。问问人家为什么不想买你的产品。或许你会由此改善自己的产品，或提高你的销售技巧。

|身处大千世界中|

你可以在自己和自己的计划周围设定界限来承担责任，确定自己该如何回应他人和周围的世界。弄明白什么对你来说是可以接受的，什么是无法接受的，并由此来完成这个步骤。这一点很重要，因为只有当你明白什么是你可以妥协的，什么是不能妥协时候，你才能更好地说"不"。你越是明白什么对自己来说是重要的，什么是你不愿意妥协的，就越容易对自己负起责任来，拒绝去做自己不想做的事。如果你郑重承诺，说什么都不能破坏你每周健身的计划，那碰到要你在这个时间做别的事情的要求时，你就会很容易说"不"了。

现在让我们看一下你的生活中哪些领域更需要你负起责任来。拿出你的工具，按照下面的指示完成训练。

对自己负责

1. 想想生活中的哪些领域更需要你负起责任。下面是一些一般性的问题，可以帮助你思考。

    - 你是否明明心里想说"不"，嘴里却说"好"，并对此感到懊恼吗？你会为了不让朋友失望而答应陪她去某个地方，但实际上却想做其他的事，然后对此感到很恼火吗？

    - 你会对什么样的事情进行抱怨？在你的生活中，有没有一些事情是让你持续不断地抱怨的？你不断地对此进行抱怨有没有可能只是为了得到关注呢？还有没有可能，你对此进行抱怨是因为你没有勇气对此作出应对？

    - 你有什么消耗正能量的不良习惯吗？你吃的好不好？吸烟吗？酗酒吗？熬夜吗？在下一课中，我将会谈到让你分心或者折磨你的事情，不过现在就开始思考这些问题将对你很有帮助。

    - 在面对畏惧感时，你会为自己找借口吗？每一个"是的，可是……"都值得好好研究。你是否对某件事

作出了承诺最后却发现还没有做吗？

- 你的想法和行为有利于你获得机会吗？注意观察你对此有什么看法，以及你谈论梦想的方式。

2. 拿出你的挑战日志，在你放弃了自己权利的地方进行记录，并记下你觉得这会对你的目标产生什么样的影响。寻找重获力量的方法。

开始行动

1. 拿出你的计划表回顾一下你根据前面的步骤已经完成的任务。如果已经完成了一些任务，就把它们的状态改为已完成。如有遗漏就调整计划。对于遗漏事项，问问自己是不是在破坏自己的努力。
2. 决定你下一步将要完成的工作。留出时间来完成这些计划。将应对挑战的行动添加到计划表中。
3. 每天早晨和/或晚上留出一段时间，静静地坐在那里，想象一下你的目标实现后的情形（见第3课当中的练习）。
4. 在你的日程中留出一些时间照顾自己。

第 16 课
扫除梦想道路上的拦路虎——分心

> 如果没有明确的目标,我们就会异常专注于生活中的日常琐事,而最终会受其束缚。
>
> 罗伯特·海因莱因(Robert Heinlein)

前面我们谈了几种阻碍梦想实现的障碍：畏惧感、成见、缺乏积极性、缺乏自信、放弃权利等。我将要谈论的最后一种障碍是分心。你对此肯定不陌生。例如，你坐在桌子前想赶紧把新网页做好。三个小时过去了，却一点进展都没有，倒是你的电子邮件都回复了；微博的状态更新了六次；你还跟最好的朋友聊了20分钟的天。这就是分心。并且，随着生活越来越忙乱，侵占你宝贵时间的事情将会越来越多。即使没有电子邮件和微博之类的东西，也会有其他的事情，像洗衣服、修剪草坪、联系很久没有联络的老朋友等事情都会让你分心。现在先把让你分心的事情列出来。

第16课
扫除梦想道路上的拦路虎——分心

| 家务活真的比你的愿景重要吗 |

我并不是在建议你放弃所有的家务活,真的这样做会让你在家里不受欢迎,也会使你在努力实现目标而需要家人和朋友支持的时候受到影响(而你确实需要他们的支持)。我想说的是,如果你列出了计划,打算在某个时间内完成某件事,那么你在那个时候就要专注于完成这件事。如果你觉得没洗的衣服会干扰你做那件事,那就先把衣服洗了再说。学会管理自己的时间。但是,提醒自己还有好多事情没干是件好事。你要学会先把不能马上做完的家务事放在一边,尽管这确实很难,但你可以以后再做。

或者,你可以先去做家务,利用做家务的这段时间来进行思考。在把衣服放进洗衣机等待洗好的这段时间里,你可以思考其他的事。除草时也一样。所有这些家务都可以成为不错的思考时间。我就经常在做饭时获得灵感,或者在做其他事的时候想到某个问题的解决办法。不过要注意:如果你的家务活确实太多,那就要考虑一下雇一个小时工或除草工来帮你完成。几年前我看到过一段话,说同样的一个小时,花在清洁房间上,什么都得不到,而花在为实现目标所做的努力上,就离目标的完成又前进了一步。既然我支付得起雇人的钱,为什么还要自己去打扫房间呢?

从那以后我就请人来打扫卫生，而这么做的愧疚感早就消失得无影无踪了。

|把手机关掉|

还有个大胆的建议：如果电子邮件或手机让你分心，那么就把它们关了。你真的没有必要二十四小时都在线或待机。想想早些年还没有手机的时候又能怎样呢？有人真的想找你还不是照样找得到。如果你担心有什么紧急情况，可以启用手机的语音留言功能。这样你可以对手机信息进行过滤，而不必被某个不想接听的电话纠缠却又不敢告诉对方，你以后再给他打过去。坚持不接电话，直到把自己的事情做完再给他们回过去。我可以打赌，到时候来电话的人仍然有时间跟你聊上一个小时，这时你就可以兴奋地告诉他们你的事情的进展，而不是用这一个小时抱怨那些没做的事情。

|珍惜花在实现梦想上的每一分钟|

在日历上预设好完成目标的时间，不要让任何别的事情占用这段时间。你花在自己计划上的时间是十分宝贵的，它能促使你前进，当你向前迈进时就会获得力量，当你获得力量时就会觉得事情能够自然而然地往前推进。对让你分心的事也不用过于担心，只要尽量摆脱它们就好了。花钱雇个人来帮你做那些让你分心的事，把它放在脑后，或者干脆先解决它。尽量让自己不要分心。把网络和手机都关了。对自己作个郑重的承诺，在为了实现目标而奋斗的时候要全神贯注地投入。

如有需要，把这个问题跟你身边的人说清楚，要郑重其事地说清楚。你现在的时间很宝贵，你正在完成某个目标。你以后会将现在亏欠大家的时间补回来，但现在你需要集中精力和时间为自己的计划而奋斗。你可以告诉大家，如果你没有完成自己的目标，你会感觉很沮丧，也没办法开开心心地陪他们；但一旦你按时完成了计划，你会感到很自豪，自然也会兴高采烈地跟他们共度美好时光了。

如果通过上面这些方法还不能让你解决分心的问题，那你可能是有更加严重的问题。如果你发现自己无法专注于某件事，那是时候问问自己一些严肃的问题了。是什么让你感到害怕？你的愿望达成会带来什么样的后果？这对于寻找你的害怕和限制性观念是一个很好的机会，你可以把这些问题结合起来解决。

让我们迅速做个练习。

找出让你分心的事

1. 现在,你应该已经在定期完成自己的计划,并且在日志中定期留出时间去完成计划了。更重要的是,现在为自己的目标奋斗应该已成为你日常生活的一部分了。如果你还没有制定这种时间表,马上去制定。如我前面所说的,什么都比不上把事情写下来更管用的了。把你即将为完成目标所需的时间真正地在日志上具体标示出来。

2. 拿出你的挑战日志,写下所有让你分心的事以及摆脱干扰的办法。

开始行动

1. 取出你的计划表,根据在前面的步骤中所制订的计划,回顾一下有哪些任务取得了进展。如果有些任务已经完成,就把它们的状态改为"已完成"。如果有些任务遗漏了,问问自己为什么会遗漏,然后调整计划。如果你老是遗漏同一项任务,那就必须弄清楚究竟是什么原因导致你无法推进这项任务,并郑重承诺一定要在此后几天时间里推进这项计划。

第16课
扫除梦想道路上的拦路虎——分心

2. 决定你下一步要完成的任务，并留出时间去完成。如果你还没有将任务添加到计划表里面，就回顾一下你的挑战日志，将解决问题的方法和减少风险的方法加到计划表里。
3. 确保在你的日志中留出实施计划的时间。
4. 每天早晨和/或晚上留出一段时间，静静地坐在那里，想象一下你目标实现后的情形（见第3课当中的练习）。
5. 在你的时间计划表当中留出一定的时间来照顾自己。

第 17 课

盘点进展,加速前进

放手一搏!未来是要靠自己争取的。

韦恩 · 戴尔(Wayne Dyer)

$\mathbf{本}$书到目前为止已超过大半了。在这一课中，我们最好停下来思考，花点时间盘点一下得失，再继续往前走。让我们一起来看看你目前取得的伟大进展。如果前面的课程和练习你都照做了的话，你将会有如下收获。

- 一幅能够让你清楚地知道自己前进的方向的清晰画面，你可以用它来检验每次行动是否都指引你一步步走向这幅画面中所描绘的情景，而不是偏离它；用它来想象愿景实现的情景，从而保持积极心态和自信力。

- 明确设定了一套任务方法和计划表、一个告诉你需要哪些资源来实现计划的好创意以及一个预计你需要多久完成工作的时间表。从第8课开始往后，每一课后面都设有"开始行动"模块，你还可以通过这个模块开展一些

第17课
盘点进展，加速前进

工作。

- 一种能够让你弄清楚哪些人多半会对你的项目有兴趣的辨识方法，以及如何才能让他们关注你的项目，并支持你的行动。

- 一份挑战日志。它让你知道哪些事情可能会让你裹足不前，该如何应对这些问题。最开始也是通过"开始行动"这个模块来应对这些挑战。更重要的是，你会越来越清楚地认识自己的行为，意识到它们是如何阻碍你或者支持你的。

- 一份机遇日志。它罗列出了可以让你提高积极性和自信力的一系列事物，你可以用它们来推动你的进展。

- 还有一本日记。上面写满了推动目标前进的各种计划。另外还有一本感恩日记、很多贴在屋子里的励志格言卡、固定的"形象化训练"、全新的饮食和运动习惯。谁知道呢，或许你还彻底清理了你的车库呢！

现在，你可以通过两个不同的角度来推动事情的发展：一边制订并完善你的计划和挑战日志；一边按照计划和挑战日志采取行动。计划表上最棘手的任务可能还没有进展，但是通过前面的训练，你已经开始推动事情发展了。为自己庆功吧！

|放手一搏前的准备|

本书开头我们就探讨过，在投入行动之前就要先把事情想清楚，这十分重要，否则我们宝贵的资源可能就会被白白浪费掉。现在，我希望你的目标和相应的计划是相当清晰的，并且对于在哪些方面行动，你也十分明确。尤其在涉及金钱的时候，这一点特别重要。从第四部分开始，我会鼓励你真正放手去干。因此，必须确保你现在已经完全准备好了。我希望你迅速回顾一下前面的内容。拿出你的练习本或电脑，让我们看看你现在都获得了哪些进展吧。

1. 把所有资料都拿出来。电子版的资料要打印出来。
2. 如果有不同版本的计划、挑战和机会日志，仅打印最新的版本即可。
3. 把所有的资料都翻看一遍，看的时候，如果你脑海里产生了什么样的想法，要及时写下来，随时调整你的资料。
4. 想一想你的计划、挑战和机会日志是否有什么遗漏之处。你的计划是否包含了应对每个挑战的方法？计划或日志是否包含照顾自己的措施？
5. 花点时间全部回顾一遍，尽量保证一切都很详尽了。
6. 感到兴奋吧？你真的干得很棒！

第17课
盘点进展，加速前进

|写下你的每一项计划|

你的计划是用来指引你所有的行为的，因此，它应该既包括能让你的愿景保持前行的任务，也包括你所知道的解决困难的方法。例如，如果你把"给自己找个教练"列入克服成见的方法当中，那你就要保证你的计划中必须包括那些寻找、见面、雇用、参加训练的任务。假如你打算买一个电话答录机来过滤电话，程序也是一样的，你要确保在自己的计划中有寻找和购买这样的行为。

你可能觉得没有必要在计划中记录所有的事，但我还是建议你最好去照做。把一项活动写下来并追踪它的进程能让你在脑海中对这项活动有个更加具体的了解。它让你的任务看起来更加真实。我可不认为你在心里说说你必须要去做某样事情就一定会去做。不在纸上写出来，你可能也会记得去做，并且还省下了在纸上做笔记的那两分钟时间。我不认为那两分钟值得你去冒险，搞不好到时候，你早就忘到九霄云外去了。所以，还是把你的每一项计划都写下来吧。

为了写这本书，我去看望了我的朋友娜迪亚。她有一项伟大的计划，是为有创意的人创建一个能够分享作品并提升才能的网站。她面临的一项主要挑战就是"脑子里有太多的想法"，所以"拿笔写下来真的很有帮助"。她曾经制订过计划，但没有把每项具

体的工作都写下来,因此有时候就搞不清楚到底对喜欢的事(比如市场营销)和不喜欢的事(法务)是否完成了同样的工作量。

| 完成任务的感觉真好 |

为每一项任务制订计划还有个原因,那就是当你完成任务后可以把它们一一勾掉,从而将它们的状态变成"已完成"的时候,那种感觉太棒了。当然,你可以在脑子里给它打勾,但效果完全不一样。举个例子:要实现你的愿景,你必须首先有个愿景,然后才能在现实世界中通过努力来实现它。在纸上写下来比仅仅在脑子里想象更能促使你付诸行动,这不是很有趣吗?你可以好好想一想。

现在,你应该对自己的愿望和面对的挑战有非常清楚的认识了,同时你还会了解到自己为什么会产生这些愿望,以及为了坚持追求梦想需要做些什么。后面的课程就是利用你所学到的知识真正放手去采取行动了。你可以好好回顾一下之前的步骤,或者多做一些准备工作,然后再继续往前走。

开始行动

1. 取出你的计划表,根据在前面的步骤中所制订的计划,回顾一下有哪些任务取得了进展。如果有些任务已经完成,就把它们的状态改为"已完成"。如果有些任务遗漏了,

第17课
盘点进展，加速前进

问问自己为什么会遗漏，然后调整计划。

2. 决定下一步你要完成的任务（遗漏的那些），留出时间去完成。如果你还没有将任务添加到计划表里面，就回顾一下你的挑战日志，将解决问题的方法和减少风险的方法加到计划表里，并开始行动起来！或许可以挑选一个你一直逃避的艰巨任务来入手。

3. 每天早晨和/或晚上留出一段时间，静静地坐在那里，想象一下你的目标实现后的情形（见第3课当中的练习）。

4. 在你的时间表当中留出一定的时间来照顾自己。

第四部分 全力以赴追寻梦想

第 18 课　不积跬步,无以至千里
第 19 课　庆祝自己所取得的每一点进步
第 20 课　全力以赴追寻梦想
第 21 课　扫清逐梦道路上的一切障碍
第 22 课　梦想达成的天时、地利、人合
第 23 课　建立起强有力的梦想支持体系
第 24 课　关于梦想的答疑解惑

PART 4

全力以赴追寻梦想

> 想法很容易产生,关键就在于能否付诸实施,这才是区分绵羊和山羊的标准。
>
> 苏·格拉夫顿(Sue Grafton)

在本书的这一部分，我希望你可以养成良好的习惯：常动笔记录、通过日志或计划制定任务、着手推进愿景的实现、消除障碍，从而"让梦想起航"。在这个阶段，"你和你的梦想之间唯一的障碍就是你自己"这句话显得尤为重要。如果你还没有采取行动，那现在从头开始，做完所有的训练。之前的基础没有打好就不能全速前行。如果你已经完成了所有的训练，并且按照本方法采取行动，而且迫不及待，那我们就开始吧！

第 18 课
不积跬步，无以至千里

> 信念就是在你甚至看不到整条楼梯的时候依然爬上第一级台阶。
>
> 小马丁·路德·金（Martin Luther King Jr）

我所取得的每一次成功,无论是生活上的还是工作上的,都开始于一小步一小步的积累"不积跬步,无以至千里。"所以,对我而言,成功不是一蹴而就的,而是通过坚持不懈的努力和持之以恒的行动,一步步实现的。当然,从某个时间点来看,我似乎取得了突破性进展,但这也是由平时所有的微小行动汇集在一起所产生的效应,而不是因为对某个目标付出了多大的一次性努力。

|为梦想的实现添砖加瓦|

目标的实现是一个量变到质变的积累过程,这样做有益于你保持积极的精神状态。它意味着你可以每次为自己的愿景添一块砖,加一片瓦,而不需要考虑如何一步到位,一蹴而就。这样分步骤进行还有助于你克服恐惧心理,不用担心如何通过一次巨大的飞跃,跨过你和目标之间的那条鸿沟。巨大的飞跃一定会有的,但必须假以时日,它是一个个小步骤累积而成的。届时,你回头一看,发现你已经实现了一次巨大的飞跃。我很喜欢塞斯·高汀(Seth Godin)的说法:"一滴、一滴又一滴,你赢了。"

如果你缺乏耐心,那就想办法让自己享受奋斗的过程,或者把自己缺乏耐心的特点变成动力,推动各个小事项的进展。不要担心自己怎么还没有实现目标,而是要慢慢享受你在实现目标的过程中学到的东西。如果你对成功尚存畏惧,那就试着去想一想成功对你当前生活方式的影响,从而作出相应的调整,慢慢适应新的生活。问题的关键在于当巨变突然降临时,你将如何应对的问题。问一问自己,假如你突然过上了自己梦想的生活,而你根本就没有认真憧憬过这样的生活,是不是会感到无所适从,就好像中彩票的人,他们从来没有想过如何"变得"有钱,也没考虑好对金钱的想法,结果突然中了大奖。这样的人通常要不了多久就把钱花光了。

|不积小流,无以成江河|

小小的一步往往可以产生恒久而巨大的效果。关于这个道理，只要看瘦身计划就知道了。有效的瘦身计划鼓励你每天同时从几个方面开展行动，包括：选择食物、确定份量、做运动、保持积极的心态，等等。体重每周下降一点儿，到最后累积起来就相当可观了。如果你坚持执行该瘦身计划，不仅可以减肥瘦身，还可以养成良好的饮食、运动和照顾自己的习惯。如果一连数月每天坚持下去，就会产生恒久的良好效果。请注意，这里我所谈的减肥，针对的是那些既没有心理障碍，也没有健康问题的人。

瘦身减肥如果采取一小步一小步的方法可能会因为没有产生立竿见影的效果而使人气馁，但我仍旧觉得这是最好的瘦身办法，建议你填写进展报告（我们在本课的结尾部分会详细介绍），这样你就可以看到事情的进展，从而为最微小的成就感到欣喜。相信我，微小的进步经过日积月累就会变成大成就，关键是要对自己保持信心。

| 每跨出行动的一小步，就向梦想迈进了一大步 |

每一次小的行动引导我取得的成就都让我深感惊讶，离实现梦想越来越近会让我倍感欣喜。关于这点，你必须采用书面的形式来记录你实现梦想所采取的每一个步骤（你无法回头查阅你大脑里的东西）。一旦你清晰地看到自己所追求的东

第18课
不积跬步，无以至千里

西，并且开始朝着那个方向努力，你的潜意识、世界、宇宙、上帝，你爱怎么说都可以，它们就会开始协同发力，促使你实现梦想。如果你不喜欢说指引你的是上帝，那就干脆称之为你的潜意识吧。

一小步行动可以产生大动力，它会鼓励你采取常规措施。假设你有两个办法实现目标：其一，采取一个非常重大的措施，一步到位；其二，你需要每天采取一些小步骤。你选择了第一个方案，采取一个重大措施，结果没有成功。这时，你既没有计划也没有动力了，积极性势必受到打击，需要花上一个月时间才能渐渐恢复，然后重新从零开始。假如你选择了第二个方案，有三个小步骤成功了，一个小步骤失败了。不要紧，你还会继续前进，你还有动力，于是你采取了一个小步骤纠正错误，然后继续自己的进程。这就是为什么第二个方案可以让你始终保持能动性和积极性。

按照我刚才所说的，这三个小步骤会让你向目标推进，这就叫作衡量进展。衡量进展有助于证明事情的进展，这也是能动性和积极性的来源。为了看到事情的进展，你需要记录自己开始的地方，澄清自己努力的方向，还需要列明为了达成目标所要采取的措施。做完这些，就万事俱备，只欠东风了。为了让你保持积极进取的心态，我们还需要真正把进展作为我们的日常工作来抓。

|分解你的梦想行动任务|

你不仅可以把自己的行动计划分解成容易管理的模块,还可以把你应付调整的方法进行分解。假设你遇到了一个十分棘手的挑战。为了筹备五十大寿庆典,你花了整整6个月时间去找场地,就在庆典举行的前两周,那个场地被大火烧了。你可能被问题的严重性吓傻了,也可能开始采取各种小规模行动来解决问题。就算只剩下两个星期时间,你也可以四处找找,换个场地,动员你的亲戚朋友一起找。你可以在自己家里或别人家举行派对,可以更改日期,也可以就在花园里操办庆典。对挑战进行分解,采取各种措施,你就会坚定解决问题的信心。

把事情分解成小碎片有助于理清问题,让目标看上去更容易实现,从而让人保持激情、积极性和热情。如果碎片太大,我们常常会被它们的规模和复杂性吓倒。当你把目标进行分解的时候,任务或挑战就会变得更具体。有个说法很形象:要吃大象每次也只能咬一口;罗马也不是一天建成的。

在本次训练中,你需要确定自己对计划表中各项任务的大小感觉良好。

分解行动任务

1. 取出你的计划和挑战日志。
2. 把所有的任务都分解成便于执行的步骤,确保你对这些步骤感觉良好。观察自己执行任务的情况,看看自己是否能干得了?
3. 检查计划上与挑战日志相关的行动。
4. 从网站上下载进展情况报告表,按照"开始行动"部分所列的办法填写表格。定期检查自己的进展情况,可以一周一次。

开始行动

1. 根据你在最后的步骤中所要做的事情,严格执行你的计划,回顾你已经取得进展的任务。如果你已经完成了一些任务,把这些任务的状态更改为已完成。如果有些任务被遗漏了,问问自己为什么会遗漏,然后调整自己的计划。
2. 从网站上下载进展情况报告表,填写项目的名称和日期,填写主要里程碑式的阶段性进展(执行计划上的任务产生的主要成果),本周已经完成的任务和下周计划完成的任务。

3. 留出时间完成下周的任务。
4. 在你的进展情况报告表上填写你遇到的主要挑战以及应对办法。
5. 把本周的励志格言写进表格。你可以假设自己正在向某个负责监督你的人汇报进展情况,也可以向某个朋友或你的生活伴侣汇报你的进展。
6. 填写"我感觉如何"那栏和"照顾自己"的区域,在日记上策划一些"照顾自己"的任务。
7. 每天早晨和/或晚上留出一段时间,静静地坐在那里,想象一下你的目标实现后的情形(见第3课当中的练习)。

第19课
庆祝自己所取得的每一点进步

> 你越赞美生活,你的生活当中值得赞美的地方就越多。
>
> 奥普拉·温弗瑞

我们常常谈论生活的不如意，其实，生活中不仅仅存在问题，还有各种值得庆祝的成就。例如，当你取得进步的时候，当人们的反馈证明你确实取得了进展的时候，那也许是你第一次卖出了自己制作的手工珠宝，也可能是你找到了举行婚礼的最佳场地。

　　希望到现在为止，你已经养成了良好的习惯，定期更新自己的计划，在日记中敲定即将采取的行动，此外，进展情况报告也有了良好的开始。如果你跟自己的助梦伙伴配合默契，他/她也许会不断激励你，也可能你们两个会定期碰面检查你的进展情况。如果你没有关注自己的进展，那最好尽快开始关注。当你发现自己的努力没有付之东流时，就会更有积极性。在本课中，我要鼓励你学会赞美自己所取得的每一点成果，庆祝自己的成功。

第19课
庆祝自己所取得的每一点进步

|享受为梦想而奋斗的过程|

不要等到实现最终目标再享受快乐,你可以享受自己为梦想而奋斗的过程,让自己的逐梦历程充满正能量。记住,你的态度会影响你的行为。那些"惨兮兮"地构建梦想的人会怎样?没错,他们所吸引的是悲惨,而不是快乐和幸福。你愿意跟整天唉声叹气的人在一起吗?你愿意给他们多少帮助和支持呢?想想看,你就明白这个道理了。如果你开开心心地构建自己的梦想,那不仅会享受到追逐梦想的过程,还会吸引到他人的支持、帮助和机遇。庆祝自己的成功可以帮助你时刻保持积极向上的心态。

我并不是说"庆祝"意味着你每取得一小步成功都要狂欢一番。庆祝规模应该与你取得的成果相适应。把狂欢留到最后,在奋斗过程中不时小小庆祝一下。如果你刚刚顺利写完自己想写的东西,感觉良好,那就和朋友去喝杯咖啡,跟他们分享一下你的成功。如果你新店开张,顾客盈门,那就和你的伴侣到外面去吃顿大餐庆祝一下。这似乎很平常,但如果我们对最微小的进步感觉良好,就很容易让自己变得信心百倍。但是,如果你庆祝得太频繁,就有可能会耽搁你推进计划的节奏。

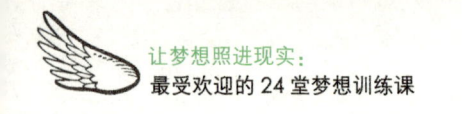

|我为什么要庆祝成功|

- 庆祝成功以具体形式体现出你正在实现自己的梦想，是对你所做工作的一种认可。
- 庆祝成功是对你奋力拼搏的奖励，是对你奋斗的一种肯定。
- 你停下脚步进行庆祝的时候，就会重新鼓足干劲，有机会认真思考在奋斗的过程中所学到的东西，如有需要，可以重新调整你的奋斗方向。庆祝成功对你取得的经验和需要吸取的教训无疑是一次最好的盘点。
- 关注取得的成果可以让你变得更积极进取。如果你的努力有了成效，你就会受到鼓励，再接再厉。你所取得的成功还可能会给你莫大的勇气，让你克服畏惧感，勇敢应对曾经一味逃避的挑战。
- 停下脚步庆祝成功就相当于向全世界和你的助梦伙伴发出信号，告诉他们你确实正在为自己的梦想奋斗，你是认真的。
- 为取得的成功和成果犒赏自己可以让你始终保持积极的心态。
- 看到事情取得进展会让你充满干劲儿。

第19课
庆祝自己所取得的每一点进步

梦想训练营

让我们通过你取得的成果和成功营造一个积极的环境。

庆祝成功

1. 取出你最近填写的进展情况汇报表，找出你最近取得的成果，在下周计划中添加一项庆祝活动任务。
2. 如果你还没有养成写感恩日记的习惯，那现在就马上开始写吧。每天晚上睡觉前，记下五件让你心存感激的事。
3. 在你的感恩日记上留出一页，专门罗列所取得的成果，定期翻看一下。你也可以打印一份计划表，在计划表上标记出你已经完成的项目——不论采用哪种方式，只要能标记出你取得的进展就行。

开始行动

1. 取出你的计划表，认真翻看一下下周要做的任务。填写本周的进展情况报告表。
2. 留出时间完成下周的任务。
3. 找出主要问题和风险，想好应对这些挑战的办法。更新

你的进展情况报告表。

4. 把本周的励志格言写进进展情况报告表中。激励自己不断前进。

5. 每天早晨和/或晚上留出一段时间,静静地坐在那里,想象一下你的目标实现后的情形(见第3课当中的练习)。

6. 每天夜晚都回想五件让你心存感激的事物,把它们写进你的感恩日记里。

7. 在你的日记中预留出"照顾自己"的时间——要不下个星期天去郊游?

第 20 课
全力以赴追寻梦想

> 拥有成功人生的那些人会持之以恒、坚定不移地朝自己的目标努力。这就是全力以赴。
>
> 塞西尔·B·戴米尔（Cecil B. DeMille）

最关键的就是你所说和所做的一切都必须是不断朝着自己的梦想而努力。我们曾通过计划和日记来采取行动。在本课中，我们还要进一步确保你的计划成为你日常生活的一部分，从而促使你每天都会采取行动。不过，在此之前，我们先来看看积极性和持之以恒对你实现梦想的作用和意义。

|积极性和持之以恒|

为了帮助你实现自己的愿景，我必须确保我告诉你的那些方法和让你做的那些训练，足以让你在未来的奋斗中无论遇到什么困难和障碍都能坚持下去。尽管我网撒得有点儿宽，比如，我要求你必须明确自己在朝着正确的方向努力，但最关键的是，要持之以恒地坚持下去。

积极性和持之以恒相辅相成。如果你很有动力,势必会持之以恒,而你持之以恒反过来会让你更有动力。举例来说,刚开始踏上追求梦想的道路时,事情多半都比较顺利(你还没有遇到困难),你的积极性很高,也很容易坚持下去。接着,"嘭"的一声,挑战来了,你的积极性顿时受挫。你开始坐下来做形象化训练,想象目标实现后的情景,提醒自己有多渴望实现梦想,于是你又重新充满了动力,找到克服困难的办法。你成功克服了困难,找回了积极性。或许这次你还向自己的助梦伙伴寻求了帮助。这是个良性循环:不断的行动提升着你的积极性,而积极性反过来又激励着你的持之以恒。

|在逐梦的道路上坚持走下去了吗|

如果你想实现自己的梦想,就必须学会持之以恒。在你首战失利的时候,在被风险吓退的时候,恒心可以帮助你坚持下去。恒心是成功的基本要素。现在,不妨审视一下自己的人生,看看你有多少次为了成功而持之以恒,从而明白恒心对你意味着什么,此外,你还可以发现,自己是能够持之以恒的。

就拿决心戒烟的人来说吧。首先,他们确定自己真的想戒烟,并且想出一大堆戒烟的好处:身体健康、省钱、牙齿洁白、口气清新，等等。第一天，他们确实做到了一根烟都不抽。第二天也没抽。但到了第三天，当工作中遇到了棘手的难题，这个难题给他们带来了压力，于是他们就想抽支烟来缓解压力。他们安慰自己："没事儿，我就只抽一支，谁让今天这么不顺心呢。"等到了第五天再来看，他们已经重新开始抽烟了。

怎么会这样？他们确实有动力戒烟，但他们遇到逆境的时候没有坚持下去。一旦遇到挑战，他们就会给自己找借口放弃。他们没有看到大局，从而没能坚持下去。尼南（Neenan）和屈莱顿（Dryden）解释说，动力是由以下三个要素构成：

- 方向——你要做些什么或者达到什么目标；
- 努力——你要付出多大的努力；
- 恒心——你要坚持多久。

我们可以说，到目前为止，我们把精力都放在确定方向上了，现在需要进行调整，把精力放在实际的行动上，确保我们会坚持下去。

|为什么大多数人的梦想会半途而废|

是什么让我们放弃？之前我们在挑战日志上所确定的都是"感性"问题：信念不坚定；心存畏惧；需求未得到满足等。这些东西都不容易改变，都需要我们承担风险，努力奋斗。

第20课
全力以赴追寻梦想

尼南和屈莱顿在他们所著的书中列举出了原因,解释了为什么人们无法持之以恒。我建议你去看看,如果你发现在你的挑战日志中有遗漏的,就补充进去。

- 把注意力集中在当前所取得的一点小成绩上,而不是长期的目标上(比如在戒烟的例子中)。
- 把时间耗在寻找造成问题的缘由上,而不是寻找问题的解决办法上,好比你告诉自己,一旦你能知道问题是怎么造成的,这些问题就会迎刃而解。
- 认为自己无法迎难而上,应对挑战,这是自我评价和自信心的问题。
- 感觉实现目标会让自己变成另外一个人,或者生活会变得跟以前大不相同,就好比你以前一直很胖,想到自己会变得身材苗条、充满魅力,你就感觉心慌意乱。
- 希望别人为你遇到的挑战承担责任,比如认为别人必须为你追求目标做出改变。
- 认为自己生来如此,所以根本实现不了目标,就好比认为自己缺乏所需技能而放弃,而不是积极思考如何学习相应的技能。
- 害怕失败或成功。
- 因为没有取得进展而放弃,其实没有取得进展的原因是没有面对问题。

- 认为自己对某件事或某个地方投入太多，因而不能改变。就好比你对一种方案投入了很多，但是这个方案根本行不通，你又不想改变方案。
- 让自己相信自己年纪太大了，或年纪太轻了，太这样了，太那样了，总之为一切找借口。
- 从一个任务跳到另一个任务，就好比你刚对公众发表了一番演讲，就要求所有的听众都必须照着那个方向努力。
- 隐藏日程。说你正忙着其他事，其实你没有。
- 因为目标实现得不够快而放弃。
- 想要维持现状。就比如你抱怨说自己已经全力以赴了，可还是没有实现目标，这意味着你要求身边的人同情你，关注你。
- 尽管意识到了问题的存在，但却把自己不去想办法解决问题的原因归结于问题本身。
- 缺乏耐心，在找到新的思路之前已经放弃了。

表格很长，但我真心希望你看过之后，能对自己半途而废的借口进行一下反思。

|每天都要坚持你的梦想行动|

每天改变一小步，你将实现自己的人生追求。当然，你每天

第 20 课
全力以赴追寻梦想

所做的事、所说的话以及你计划表上的某些任务都需要在特定的日期去做，比如"报名参加打字班"或"签约新健身馆"。但是，我们所讨论的很多事项，特别是改变日常习惯或增强体质等计划是需要付出日常努力的。你的思维一直与你如影随行，希望你最终取得的改变能够成为你的日常习惯。

但培养新的习惯都需要加以时日，而且取决于你希望改变的是什么以及你的个性。我也希望通过这些步骤、方法和参考资料能够帮助你一蹴而就，但事实上归根结底还是要靠每天的努力。

我们半途而废往往是因为成功需要付出持续不断的努力。我之前就在本书中提到，我没有什么妙招能让你一蹴而就。为了改变，你必须从不同的角度考虑问题和看待生活。此外，改变常常不是通过一件大事一蹴而就的，而往往是通过一系列微不足道的小事循序渐进地去实现的。

在本课中，我想让你意识到恒心是关键，鼓励你辨别出导致你放弃的因素，看看可以采取哪些日常行促使自己持之以恒。你的日记还有一个妙用，那就是你可以在计划表里写上需要完成哪些任务，你还可以在日记中记下来每天所作的承诺和保证，然后每天在睡觉前（记录当天那些让你感觉良好的事物的时候）对照它检查自己的执行情况。我们有两个关键工具来描绘我们追求目标的过程，一个是用于跟踪项目（通常都是标注了完成日期的大项目）的计划表，另一个是用于衡量需要重复进行的小任务的日记。举例来说，我们用日记预定好要完成的事项，例如，之前我们提到过用它去预定"照顾自己"这一类的目标所要采取的行动。我现在建议你用你的日记跟踪其他要采取的行动和你每天要取得的成果。

记住，我们并不是要追求完美。习惯的培养也许只需要你保持积极性，坚持下去就足够了。善待自己，不能要求初次尝试就能做到了无遗憾。长期以来，我都在研究个人发展问题，可即便是我自己要改变行为习惯，也需要每天持之以恒地坚持下去。我只能说，我已经在很多领域取得了改变，这种改变让我坚持下去。

现在我们就把一些技巧运用于实践行动吧。

每天的梦想行动

1. 取出你的计划和挑战日志。
2. 回顾你的挑战列表，对照尼南和屈莱顿的列表，除了你的挑战列表，是否还有导致你半途而废的原因？

3. 找出能够帮助你克服限制性信念和畏惧感、增强自信心、坚定决心的日常行为，写入日记中。比如在日记里写上励志格言，每天早晨翻看一遍。
4. 随身携带日记本，随时记录你的想法。（手机上就有一些非常好用的电子日记功能）
5. 如果你每天都做得不错，那还要自我庆祝一下，看看是否还可以做得更好。在"照顾自己"这方面你做得怎么样？你在自己的私人日记中确定每天要做些什么了吗？

开始行动

1. 取出你的计划表，看看前面步骤中计划要做的项目有哪些进展。如果有些项目已经完成，就把它们的状态改为已完成。如果有些任务遗漏了，那就要问问自己为什么，并进行及时补救或调整计划。
2. 如果一周内都没有更新过进展情况报告表，要记得及时更新。
3. 在本周留出时间完成下周的任务。
4. 找出主要问题和风险，想好应对这些挑战的办法。更新你的进展情况报告表。
5. 把本周励志格言写进表格。你可以想象一下自己正在向某个负责监督你的人汇报进展情况，也可以向某个朋友

或你的生活伴侣汇报你的进展。

6. 每天早晨和/或晚上留出一段时间，静静地坐在那里，想象一下你的目标实现后的情形（见第3课当中的练习）。把这个写进你的日常工作里。

第 21 课
扫清逐梦道路上的一切障碍

> 世界很宽广,我宁愿把阻力转化为动力,而不想把生命浪费在克服阻力上。
>
> 弗朗西斯·威拉德(Frances E. Willard)

在本课中，我们将探讨如何找到有效策略消除阻力，减轻压力，从而保持高度的积极性，降低"阻力"，而不是硬碰硬地迎难而上。如果两股相对的力量势均力敌，事情就会陷入僵局。比如你既想要推进计划，又想消除畏惧感所引起的压力，如果推进计划的动力和畏惧感所引起的压力势均力敌，那局面多半会僵持住。要想推进计划，最好先消除障碍，而不是努力克服障碍，从而产生更大的压力。某些情况下，面对畏惧感可以消除畏惧；但是某些情况下，你可能需要设法阻止更大压力的产生。

每次当你移动物体时都需要使力气，以此类推，推进梦想计划向前进行也需要力量，我们称之为"采取行动"。之前很多步骤和训练都致力于鼓励你采取行动。

为了发挥"力量",你需要保持旺盛的精力。如果没有充沛的精力,你会连钢笔都拿不起来。本书"照顾自己"那一课的目标就是确保你浑身都充满能量,不管是身体还是意识,也就是体能和精神能量都要充沛。积极性就属于精神能量。

阻力就是位移(在这里是指你的行动)遇到了抵制。阻力是位移的敌人,它会让物体移动速度减缓。如果阻力太强,就会导致你的脚步停下来陷入僵局。你的挑战日志就是用来识别那些逐梦道路上的"阻力",并想办法消除阻力或减小阻力的。

|创造追求梦想的动力|

动力就是阻碍事物停下来的力量。你的动力越强,进展就越快,就越能实现自己追求的目标。这就是为什么尽管你没有增大力度、增加行动,却常常能够实现大跨越的原因。行动背后所需要的是强大的动力,只有这样,你才能在不耗费额外精力的情况下获得更大的成就。我想你已经开始追求梦想了,那么此时此刻的动力来自不断消除障碍的同时所采取的日常行动(尤其是小的行动)。只有扫除了障碍,所有的那些小行动累积起来才会发生质变,引起大变化。

迎难而上只会带来压力

我们在其他一些课中谈论过你可能遇到的问题，但并没有认真讨论过一旦遇到阻力该怎么办。最好能消除造成阻力的因素，而不是迎难而上。因为迎难而上只会产生压力，而压力会耗光你的能量（你需要保存自己的能力来采取行动）。在本课中，我希望你从新的角度去看待自己的挑战日志，思考一下怎样"消除"阻碍成功的障碍，而不是迎头而上，这么做可以保存你的能量，并产生动力。我们最好面对事实，当一个人排斥某件事的时候，硬着头皮上会让他们越发反感。相信你也一样。

试着降低阻碍梦想实现的阻力

你可以通过增强生活中推动你前进的力量来降低阻力，消除障碍，比如你对改变生活的热切渴望，以及对自己和生活的积极看法。这么做可以有效降低阻碍你前进的阻力。你在完成机遇日志时已经涉及了这方面的工作了。

你可以从对改善生活方式的渴望中汲取采取行动的能量。假设，最近几个月你身体很不舒服，你觉得自己受够了，那么我们就可以把想象你希望身体健康的目标实现后的情形作为保持积极性和促使你继续努力的途径。此外,还有个办法可以让你在某种情形下产生一种愿望,并强化这种愿望。比如,你可以强化对抽烟的厌恶感,从而降低自己抽烟的欲望。

就好比17年前我戒烟那样。那不是我第一次戒烟了。事实上,我之前就戒过几次了,可总是在几个月之后又重新开始抽上了。1994年年初我下定决心开始戒烟,一直坚持了差不多一年时间都没抽过一支烟。可是在参加公司圣诞派对的那个晚上,同事递给我一支烟。我的戒烟决心在派对的氛围和"融入"抽烟人群的隐约渴望面前退让了。于是,我点燃了那支烟,但因为我太长时间都没有抽了,第一口烟吸进去就让我觉得非常难受。自从那以后,我就开始从心底觉得抽烟会让我感觉难受,其实这也不是我有意而为之的。不过从那时候开始到现在,我连一支烟都没有碰过。我再也不想抽烟了。

你还可以通过消除阻力的根源来降低阻力。这似乎很符合逻辑,但有时候根本原因不够明朗。假设有个人想做演员,但他内心的声音反复地说:"我不够优秀,做不了演员。还是别想了,最好老老实实地干现在的工作,别去丢人现眼了。"我们可能会认为他的问题是存在畏惧感,于是鼓励他去克服自己的畏惧感。但这对他而言,就像是要迎难而上,会给他带来更大的阻力,从而阻碍他前进。经过深入研究,我们发现根本原因不是他缺乏自信,而是缺乏专业训练。如果他去报

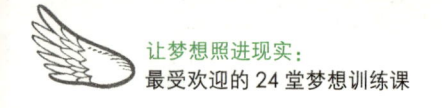

名参加一些戏剧班的培训,就会学到很多表演技巧并进行实践,从而增强自信心。这样就不会给他带来那么大的压力,他也就很乐意继续去追求当演员的梦想了。

在上面的两个例子中,我们应对的都是来自自我内心的阻力(畏惧感和成见),但阻力也可能会来自其他人。在第9课当中,你确定了自己的助梦伙伴以及他们对你所追求目标的态度。如果其他人的反对给你带来阻力,那就用同样的办法来寻找并消除根源,这比强迫他们支持你和你的计划更容易。就好比你要换工作,可是你发现你的伴侣持反对态度,因为他们担心你的收入会减少。那你最好在银行存上一笔钱,这比对他们说"你为什么就不能相信我?一切都没问题"更有说服力。

运用你的想象力,寻找事半功倍的好办法,降低阻力而不是迎难而上,有策略地应对挑战。

消除阻力

1. 取出你的挑战日志和助梦伙伴名单。
2. 回顾你应对挑战的计划,开动脑筋,看看有没有降低阻力的事半功倍的办法。
3. 回顾你的计划,把迎难而上的行动计划删除掉,用消除阻力的行动计划取而代之。

开始行动

1. 取出你的计划表,把下周要做的事情往前推进。
2. 如果你修订了计划,那要同时对进展报告进行相应的修订。
3. 留出时间完成下周的任务。
4. 找出主要挑战,想好应对这些挑战的办法。
5. 把本周励志格言填到表格中。你可以想象自己正在向某个负责监督你的人汇报进展情况,也可以向某个朋友或你的生活伴侣汇报你的进展。
6. 每天早晨和/或晚上留出一段时间,静静地坐在那里,想象一下你的目标实现后的情形(见第3课当中的练习)。把这个写进你的日常工作里。
7. 在你的日记中加入"照顾自己"的任务,以确保你有充足的能量。

第 22 课
梦想达成的天时、地利、人合

> 行动如果不协调，事情就处理不好。
>
> 斯蒂芬·霍普金斯（Stephen Hopkins）

在第21课当中，我们探讨了动力的问题。还有一个途径可以创造动力，那就是确保实现梦想所涉及的所有最微不足道的因素都必须协调一致，确保水面下没有暗礁阻碍水向前流动。如果周围的一切都在推动你朝着自己的目标努力，那就会产生更大的动力，比起一切都不协调的情况，你会事半功倍。

要创造协调性，需要关注三个领域：自我、他人和你的生活。在本课中，我们要从你已经按时完成的工作来分析这些领域，以便你从整体上了解自己的协调性和动力，了解你需要对哪些领域投入更大的努力。

|自我的协调|

你自己是实现梦想的关键，我们先前已经分析过，你追求的

第22课
梦想达成的天时、地利、人合

目标跟你的价值观是否协调，哪些畏惧感和成见是否会阻碍你追求梦想，以及你是否具备实现梦想需要的所有因素。此外，我们还探讨了如何集中注意力，增强自信，承担责任。如果你已经完成了这些训练，你肯定把在这些领域发现的问题写进了挑战日志和计划，对所有的问题都了然于胸，所有的风险都得到了控制，所有不足的地方都得到了关注。

假如你发现自己缺乏某些必需的技能，你的计划中肯定包括了参加辅导班的项目，你现在肯定正在学习这些技能。现在我想让你考虑的是，你是否真的对每个没有覆盖到的问题都努力去解决了，是否把精力都放在容易解决的问题上，而忽略了较棘手的问题。举例来说，你可能去上了辅导班，但是并没有去解决存在畏惧感的问题。这就导致你可以学到很多技能，却忽略了那些能够让你产生强大动力的问题。

| 与其他人的协调 |

我们先前已经确定了你的助梦伙伴，并确保他们会支持你所需要开展的工作。你做得怎么样？有没有得到他们的全力支持？追求梦想可能会是个非常孤独的过程，跟支持你的人探讨你所遇到的挑战，并与他们分享你取得的成就至关重要。就在我写这本书的时候，我的一个朋友开了一家鞋店，他女朋友把他新店开张的照片和他的照片放了在Facebook上。多好的主意啊！他不仅得到了女朋友的支持，还得到了我们这些朋友的支持，大家纷纷对他进行鼓励。这肯定会给他带来非常大的动力（此外，还扩大了知名度）。

如果你没有得到大家的支持，那就重新去做第9课的训练，看看如何获得人们的支持。如果有人支持你，那干吗不试着跟他们讨论讨论这个问题呢？

| 生活结构的协调 |

你想强身健体，需要到健身馆去运动，需要良好的睡眠，需要改变饮食习惯。然而，你的生活"结构"却成了拦路虎。如果你的工作计划排得非常满，下班后十分疲惫，压根儿就不想再去健身馆了。或者你周末跟朋友相聚就是去泡吧，喝了很多酒，那就睡不好了。很显然，你的生活习惯和工作跟你的愿景不协调。

那该怎么办？如果你想要实现自己的梦想，那就需要让自己的习惯、生活方式和工作与自己的目标相协调。我好像听到你在说："可是我无法改变自己的工作。"我会说："为什么不能？"如果你想保持健康的体魄，却在一家无法平衡生活和工作关系的公司上班，那就会严重影响你对目标的追求。公司价值和个人需求缺乏协调性，这个问题需要你去想办法解决，当然不排除另外找一份工作。

另外，假设你给人的印象就是喜欢整天工作，因为你以前曾经是个工作狂。既然你决心改变，那就要先看看你的老板持什么观点。他们有可能很乐意支持你去改变生活方式，没准他们自己也想做出类似的改变呢。这种事情很常见：你想改变自己或自己的生活的时候，发现身边的人受到你的影响，也产生了相似的愿望。不过，如果你发现你的老板和公司的价值观跟你自己的价值观背道而驰，而且他们也不想支持你实现自己的愿景，那你可能要考虑换份工作了。

在上面的例子当中，发生冲突的是闲暇时间和工作。除此之外，你的生活当中可能还有其他的不协调因素需要考虑。比如你的爱情生活跟你的愿景相协调吗？假如你自己感觉良好，但是你们的关系不太好，我觉得可能就需要做出调整了。下面列出了一些供你考虑的问题：闲暇时间；外在环境；工作或事业；经济能力；健康状况；家人和朋友；爱情/浪漫和个人成长。

如果你已经做过价值观和成功伙伴等方面的相关训练，这些

方面就会做得很好。现在我们要做的就是调整你的生活结构，包括工作、家庭、闲暇、精神、爱情等。

协调性

1. 看看你生活的方方面面是否都和你的愿景相协调。如果不是，那就把它们写进你的挑战日志并想方设法去解决问题。

2. 从三个方面（自我、其他人、生活结构）综合考虑，看看你是否在这三个方面平均下功夫了，看看你是否忽略了某些问题，看看还可以采取什么措施去创造更大的协调性和动力。

3. 如果你发现了一些新的问题，就写进你的挑战日志里。如果你发现可以采取一些新的措施，就写进你的计划里。如果问题或办法已经摆在那里，那就必须保证在7天内采取行动。

开始行动

1. 取出你的计划，准备推动下周要完成的新任务，填写本周进展报告表。

2. 留出时间完成下周的任务。
3. 找出主要问题和风险,想好应对这些挑战的办法。更新你的进展情况报告表。
4. 把本周的励志格言写入进展情况报告表。激励自己不断前进。
5. 每天早晨和/或晚上留出一段时间,静静地坐在那里,想象一下你的目标实现后的情形(见第3课当中的练习)。

第23课
建立起强有力的梦想支持体系

> 告诉所有人你想干什么,就会有人帮助你去做的。
>
> W·克莱门特·斯通(W. Clement Stone)

如果你的助梦伙伴空有良好的意愿却帮不上你的忙，那该怎么办？假设你想写一本书，而他们可能说不上来你写得好还是不好。但是为了不打击你的积极性，或者仅仅因为不知道怎样才算好，怎样算不好，他们可能常常对你进行表扬。在本课中，我们会寻求其他的支持。

不要认为你的成功伙伴不重要，他们对你来说很重要，特别是那些刚开始对你的目标不怎么确定、现在已经转而支持你的人们，你应该努力让他们继续支持你。如果你所爱的人反对你，那真的很糟糕，特别是你在追求目标的过程中会遇到很多挑战。在本课当中，我们会寻求你助梦伙伴之外的支持和帮助，可能是寻求客观看法或专业建议，也可能会让你经受考验。

下面罗列的支持和帮助可能不够全面，不过应该能够让你清楚地了解到这种支持对你是否有益；是否是你喜欢的支持类型；你是否应该继续去寻求帮助。下面所列的支持顺序包括：首先，你自己能够做的；其次，需要团队合作或他人帮助才能做到的。目的就是为了解释清楚有什么可以加以利用的，这样你就可以做出成熟的决定，看看需要什么，可以投入什么。至关重要的是，支持也有可能在追求目标的过程中会发生变化。你最开始可能需要个人的支持，到后面如果感觉进展顺利，就需要团队的支持。

到现在为止，我希望你按照本书的建议，充分使用推荐的资源，搜索网站寻找更多的支持和信息。如果这个办法实用，那就请继续下去！记得要把这本书当作"工具"。一旦有需要，就回头去做某项训练或者回顾某一课程的内容。如果你觉得还不够，下面的信息和资源可供你进一步研究。

|参加培训班和研讨班|

你可以从指南网站上找到关于培训班和研讨班的信息。参加培训班和研讨班是个不错的方法，不但可以让你更深入地运用这套方案和步骤，还可以让你获得针对自己进展的反馈意见。

如果你喜欢团队合作，那就很适合参加培训班和研讨班。通过培训，你可以当场获得关于这套方案的意见，通过研讨，你可以从做训练当中获得建议。培训班和研讨班的不足之处就是，这些建议和意见比不上专门雇一名教练或顾问提出的建议和意见更具针对性。培训老师或研讨班的发起者需要照料一群人，即便人数不多，他们的时间也是有限的。而培训班和研讨班的优点就在于，每次遇到问题时，总有一群人为你出谋划策，在奋斗的过程中给你鼓励。没有什么比跟一群志同道合的人携手共进更好的了。

所以，如果你喜欢团队合作，那就去报名参加你需要的培训班或研讨班吧。

|请专业顾问帮你|

顾问就是具备专业领域知识或经验的人，他们可以为你提供专业建议。假如你想开一家园艺中心，你可能就需要找一个曾经成功创办并经营过园艺中心的人。所以，如果你确实需要特定领域的建议，那就需要找一名顾问。

在雇用顾问的时候，你需要考虑的问题是，他是否具备正式的顾问或训练技能。如果你能找到的顾问既熟悉你的专业领域，又知道如何训练你克服缺陷，那就一举两得了。

此外还需要考虑一个问题，那就是你的顾问也许接受过这套方案的训练，也许没有接受过，所以你可能需要组合型支持

第23课 建立起强有力的梦想支持体系

体系,例如,从书和指南网站上获取行动方案,从顾问那里获得专业指导意见。

顾问对你的局限性是个极大的挑战,因为他们证明了成功的可能性。找到一名曾经实现过你所追求的梦想的顾问,可能就是你奋斗过程当中最需要的。再说一遍,你可以在雇用顾问的同时,寻求其他的支持,也可以向顾问咨询几次,从而获得相应的信息,开动脑筋找到解决问题的办法。

| 专业辅导 |

如果你所需要的是理解如何使用本套方案,如何负起责任,如何经受住挑战,获得安全空间去处理问题,并将想法付诸实施,那你可能需要的是辅导。尽管教练现在越来越受欢迎,但教练的辅导过程仍旧遭到人们误解。一名优秀的教练不一定在你选择的领域中有丰富的经验,事实上,最好没有。教练应该用这些辅导工具和技巧结合这套方案来帮助你推进你的计划,还要确定推进过程中,你得到了充分的重视。他们会确定你不会成为阻碍自己实现梦想的障碍。在解决局限性、成见、畏惧感等方面,他们是十分了不起的支持,能促使你担负起责任来。

你可以通过指南网站寻找辅导教程,也可以选择找私人教练。

如果你已经开始奋斗了，千万不要因为觉得自己是一个人在奋斗而放弃你的愿景。记住，你的目标是实现自己的梦想，而不是显示自己有多自负。

建立支持体系

1. 思考一下你在哪些方面最需要寻求支持。理解和应用这套方案？让自己担负起责任？帮助你解决个人局限性？关于某个特定方面的专业建议？找人对你发起挑战，让你跳出安乐窝？

2. 思考一下你喜欢哪种模式的支持体系。你喜欢自己单干还是喜欢团队合作？一对一的模式会不会对你更有帮助？

3. 考虑一下在寻求支持方面你能投入多少时间和金钱？有没有可能定期参加培训班／研讨班？你喜欢定期参加培训还是在参加培训的同时接受辅导？你需要顾问吗？你现在是否预算受限？还是觉得这种投资可以加快你的进程？可不可以放弃某件事（比如抽烟）从而获得更多的

第 23 课
建立起强有力的梦想支持体系

预算？

4. 列出你的答案，然后选择理想的支持模式。继续思考，寻找最佳支持可能出自何处。

5. 本周去报名参加培训班或者预定教程，约顾问喝咖啡，买一本与"如何利用好手中资源"相关的书籍，加入指南网站的社区。

开始行动

1. 取出你的计划表，准备推进下周要做的事情。填写本周的进展情况报告表。
2. 留出时间完成下周的任务。
3. 找出主要问题和风险，想好应对这些挑战的办法。更新你的进展情况报告表。
4. 把本周的励志格言写入进展情况报告表。激励自己不断前进。
5. 每天早晨和/或晚上留出一段时间，静静地坐在那里，想象一下你的目标实现后的情形（见第 3 课当中的练习）。
6. 照顾你自己！

第 24 课
关于梦想的答疑解惑

设定了目标就不要轻言放弃。

普布里亚斯斯·塞勒斯（Publilius Syrus）

如果你一步一步走下来，却没有取得任何成就该怎么办？如果你觉得追求目标的过程不再那么有趣了怎么办？我们在第16课当中曾经谈过这个问题，不过，我想再多花点儿时间探讨一下，因为我们需要确保你在对所追求的目标下定决心的时候是站在有力的立场上，而不是出自挫败感或畏惧感。下面让我们来看看几个关于梦想的疑惑该如何解答。

我不断地努力却没有任何结果

你制订了清晰明了的行动计划，也按照计划去开展了很多工作，可就是看不到期待的结果。你的积极性受到打击，感觉想要放弃。这时你的大脑里可能会出现这样的声音："我为什么要做这些？我以前挺好的。或许我并不是那么想追求那个目标。"停下来！忘记刚才的声音，放松下来，花 10 分钟时间做形象化训练，想象目标实现后的情形。你还是没有动力吗？假如你不需要费吹灰之力，明天目标就自己实现了，你还想不想要呢？如果答案是肯定的，那你就需要好好思考一下你的努力方向是否正确。或许你用错了办法呢？或许你采取的方式不正确呢？或许你所采取的都是"安全的"措施，而根本没有采取有风险的措施呢？有个好办法可以解决这个问题，你可以去找那些已经在这个领域取得成功的人聊一聊。他们是如何实现目标的？是不是很难？需要多长时间？他们获得成功的关键要素是什么？为了看到成果，他们需要投入多少努力？

我是不是在自欺欺人

你说自己已经"用尽了办法"，到底用了多少办法？为了这个梦想你奋斗了多长时间？你是否真的彻底完成了所有的训练？有没有漏掉什么关键的地方，却告诉自己它们并不重要（因为你有畏惧感或仅仅因为偷懒）？如果你仅仅努力过两个星期，做过两三件事，我只能说，你不够努力。

你独自一人奋斗去实现愿景的困难之处就在于，你会认为自己所做的一切都是正确的。你也许知道自己做得不对，但选择了忽视问题，也可能你根本就没发现问题。你可能需要旁观者的帮助。和你的助梦伙伴谈一谈，看看他们怎么想？他们会说你已经够努力了吗？你可以进一步去寻求客观建议。正如我之前说的那样，找那些已经实现了目标的人谈一谈，或者在论坛上贴出你的问题。你还可以去寻找团队支持，或者雇用一名教练，和有着积极心态的人分享你的故事会让你再次充满干劲儿，确定你正在朝着正确的方向努力，还可以集思广益，看看有什么事半功倍的办法。

| 我不确定我想要的对我是否适合 |

如果你想象自己目标实现后的情形时，不再对你的目标感到兴奋和激动，那该怎么办？在你决定放弃之前，不妨问问自己，你刚开始为什么想追求这个梦想——你想创造怎样的体验？有没有可能你已经通过其他途径实现了这种体验，所以这个目标对你不再重要了呢？假设你想追求的是提高自己的社会地位，于是决定搬进一栋大房子里。出于某种原因，你似乎没有找到合适的房子，可是你却得到了提升，在公司的地位也大大提高。你得到认可的需求已经得到了满足，所以换房子对你而言就不再那么重要了，你把精力都放在了事业上。在这种情况下，其实你已经创造了自己追求的那种体验，只不过是通过

第24课
关于梦想的答疑解惑

不同的途径而已。问问自己，是不是你的晋升带来了你想要的那种认同感。你也许由此决定暂缓搬家计划，因为尽管有朝一日你还会想着搬家，但是你对自己的新工作感到十分兴奋。

| 承认有些梦想实现起来的确很难 |

我很想说，只要你按照我说的做，不论是想成为一名作家、演员、音乐家，还是想减肥，想强身健体，想改变生活方式，孩子长大后想再返回工作岗位，都没问题，但是我不能这么说。我想说的是，如果你按照这套方案坚持下去，就能获得自己想要的东西。但这并不能保证事情会非常简单。事实上，你让我保证非常难还差不多。如果你发现有人已经成功了，问问他们花了多长时间、投入了多少努力。并不是每个立志成为一名成功的作家、演员或音乐家的人都会成功的。区别就在于坚持。无论是在事情似乎没有进展的时候，还是在他们想方设法都没能有所斩获的时候，他们都会坚持下去的。哪怕是看不到成功的希望，他们依然还在坚持。你能领悟这一点，就知道自己所需要的就是坚持下去。

记住，有很多人都取得了成功，而那些人常常不一定是最出色的，只是够出色、够有毅力而已。看看身边那些成功个例，你可能就会意识到，你真的需要加把劲，坚持下去。照顾自己，保持积极进取，努力加把劲！来吧！还有什么好说的？

|你是否具备实现梦想所需的全部条件|

你是否具备实现愿景所需的全部条件？如果你想成为一名音乐家，那你是否具备足以在那个高度竞争的行业取得成功的技巧？我确实说过，你不需要是最出色的，可是你也要足够出色或者足够有趣。多参加一些辅导班会不会有所收获？在当地的酒吧举办免费音乐进行一些实践会不会有所帮助？如果你要瘦身，那你真的知道什么样的饮食结构才是瘦身饮食结构吗？你可以去找膳食家为你量身打造一份菜单吗？你会发现这份菜单肯定比你从书上找来的更吸引人。如果你想在孩子长大后回去上班，而那时你对工作所需的技能已经生疏了，你是否可以去参加一些补习班呢？

多年前，我想获得晋升。我感觉自己已经在实际工作中掌握了足够的技能，但是我没有资格证书，所以当我去参加应聘的时候，一直遭到拒绝。为了达成目标，我只好回到大学里深造，以获得在职学位证书。在这个例子中，我必须要通过自己接受的教育去证明我确实能够胜任。尽管我认为自己具备了相关技能，但是这份工作更看重正式的资格证书，不论我喜不喜欢都一样。或许我没有再去深造最终也能实现目标，但老实说，获得学位证书确实让我更加自信，也获得了去演讲的机会，所以，虽然这件事看上去挺难的，但对我来说是很值得去做的。

第24课
关于梦想的答疑解惑

梦想训练营

如果你感觉需要调整自己的目标,那先来完成下面的训练吧。如果你对自己追求的目标依然很有兴趣,事情进展得很顺利,那就继续下面的训练。记住,重新评估并改变自己的目标或方法不算有错。

回顾自己追求的目标

1. 把你已经按时完成的东西全部取出来。如果你在电脑上把每一课相关的资料都找出来,创建一个新文件夹,把所有的电子文件都拷进那个文件夹,把所有的资料都放在一个地方。

2. 如果你不只有一个版本的电子计划和挑战日志,只要拷贝最新版本就可以了。

3. 回顾所有的东西,把你想到的问题写下来。还有什么其他办法?你有没有开动脑筋寻找其他办法?能不能尝试一下其他办法?你投入了多少努力?你是不是太谨小慎微了?你需要升级风险的程度吗?

4. 找那些已经在相关领域里取得成功的人谈一谈。

结　语
张开双臂，拥抱梦想

> 最有效的办法就是行动。
> 阿梅莉亚·埃尔哈特（Amelia Earhart）

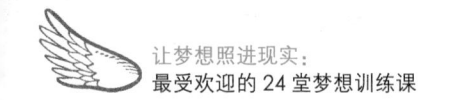

恭喜你把这24堂课的内容学完了。我希望这些技巧可以帮助你澄清了自己想要追求的梦想，让你制订计划并付诸了实施（如果不够全面，也足够证明你自己能够实现想要追求的目标并坚持下去了）。此外，只懂得理性手段或感性手段是不够的，必须要将这两个方面结合起来。

希望本套方案能够教会你如何专心致志地坚持下去，无论这个奋斗历程是容易还是很难，你需要清除一些障碍。如果你发现独自奋斗很难保持积极性的话，那就加入在线社区或雇用一名教练。没有什么能比别人的支持对你的鼓励更大的了。

希望你通过这些课程的学习发现了一些有效的工具和技巧。我曾经尝试过从不同的角度去看待问题，如果第一条路行不通，第二条、第三条总有一条能行得通的。我尝试竭尽全力为你打造

结　语
张开双臂，拥抱梦想

梦想实现的惊喜时刻，希望能够让你消除成见，改变行为方式，勇敢面对畏惧感。所以，如果你觉得有些课程重复了，那是因为我想帮助和照顾到更多的人；而且，老实说，情况有变的时候，重复一些步骤还是有益处的，因此，在学习的过程中，同样的事情，你感觉听了一遍又一遍。

| 敬请反馈意见 |

这些年来，我成功创办公司，改善了自己的生活，也改善了别人的生活。我把这些年的经验形成了这套造梦方案，数年来不断加以提炼，也很乐意继续琢磨下去。所以，如果你有什么反馈意见，无论是赞同的还是反对的，都请不吝赐教。你可以通过网站留言给我，告诉我你认为有哪些地方可以提高，或者哪些地方对你比较有效。如果你用这套方案实现了梦想，请一定告诉我，因为成功个例可以鼓励更多的人去追求他们的生活目标！你成功的经验也会激励一些人勇敢地去尝试。

| 不是结尾的结尾 |

不管你现在已经走到了哪一步，我都希望你能常常回头翻翻这本书，真正把它当作一个工具。并经常回顾需要加强的步骤，

深入理解，相信总有一天你会实现你追求的梦想。我希望你手头的这本书上写满了笔记，到处都是折痕和咖啡印渍（除非你购买的是电子版，不过即便是电子版也可以在上面写笔记）。

我写这本书就是要鼓励你去追求自己想要实现的目标，因为我相信，我们越努力就会越快乐。勇敢去追求最美好的东西并坚持下去。不要拒绝那个能够实现你的梦想的世界。

Authorized translation from the English language edition, entitled Make It Fly!: The Step-by-step Guide to Make Any Idea, Project or Goal Take Off, 1/e, 978-0-273-78539-2 by Brigitte Cobb published by Pearson Education Limited, Copyright © 2013 by Brigitte Cobb (print and electronic).

All rights reserved. No part of this book may be reproduced or transmitted in any form or by any means, electronic or mechanical, including photocopying, recording or by any information storage retrieval system, without permission from Pearson Education Limited.

Chinese Simplified language edition published by Pearson Education Asia Limited, and China Renmin University Press Copyright © 2014.

本书中文简体字版由培生教育出版公司授权中国人民大学出版社合作出版，未经出版者书面许可，不得以任何形式复制或抄袭本书的任何部分。

本书封面贴有Pearson Education（培生教育出版集团）激光防伪标签。无标签者不得销售。

版权所有，侵权必究。

图书在版编目（CIP）数据

让梦想照进现实：最受欢迎的 24 堂梦想训练课 /（英）科布著；任小红译. — 北京：中国人民大学出版社，2014.6
ISBN 978-7-300-19525-4

Ⅰ. ①让… Ⅱ. ①科… ②任… Ⅲ. ①成功心理 - 通俗读物 Ⅳ. ①B848.4-49

中国版本图书馆 CIP 数据核字（2014）第 131327 号

让梦想照进现实：最受欢迎的 24 堂梦想训练课
[英] 布丽奇特·科布 著
任小红 译
Rang Mengxiang Zhaojin Xianshi: Zui Shou Huanying de Ershisi Tang Mengxiang Xunlianke

出版发行	中国人民大学出版社		
社　　址	北京中关村大街 31 号	邮政编码	100080
电　　话	010-32511242（总编室）	010-62511770（质管部）	
	010-82501766（邮购部）	010-62514148（门市部）	
	010-62515195（发行公司）	010-62515275（盗版举报）	
网　　址	http://www.cruo.com.cn		
	http://www.ttrnet.com（人大教研网）		
经　　销	新华书店		
印　　刷	北京中印联印务有限公司		
规　　格	145mm×210mm　32 开本	版　次	2014 年 7 月第 1 版
印　　张	7.75　插页 1	印　次	2014 年 7 月第 1 次印刷
字　　数	134 000	定　价	39.00 元

版权所有　　侵权必究　　印装差错　　负责调换